낙타는 왜
사막으로 갔을까

낙타는 왜 사막으로 갔을까

2011년 3월 25일 초판 1쇄 발행
2023년 5월 1일 초판 8쇄 발행

지은이 최형선
그린이 김윤경
펴낸곳 부키(주)
펴낸이 박윤우
등록일 2012년 9월 27일 등록번호 제312-2012-000045호
주소 03785 서울 서대문구 신촌로3길 15 산성빌딩 6층
전화 02) 325-0846
팩스 02) 3141-4066
홈페이지 www.bookie.co.kr
이메일 webmaster@bookie.co.kr
제작대행 올인피앤비 bobys1@nate.com
ISBN 978-89-6051-161-3 03400

책값은 뒤표지에 있습니다. 잘못된 책은 구입하신 서점에서 바꿔 드립니다.

낙타는 왜 사막으로 갔을까

살아남은 동물들의 비밀

최형선 지음

부·키

차례

여는 글_ 가까스로 살아남은 것들의 아름다움 6

1 치타 얼굴에는 왜 까만 줄이 있을까

잔꾀를 부리지 못하는 치타 12 / 자신을 올바로 파악한 치타 19 / 치타는 외로움을 잊고 달린다 26 / 치타에게 가장 위협적인 존재 32

2 줄기러기는 에베레스트를 넘는다

고향길이 아무리 험하다 해도 42 / 낮은 고도로 우회하지 않는다 47 / 에베레스트를 넘는 3가지 비법 53 / 리더의 지혜가 무리를 살린다 59 / 극한을 날며 노래를 부른다 67

3 낙타는 왜 사막으로 갔을까

낙타의 엉뚱한 생존 전략 76 / 사막의 열기를 피하지 않는다 82 / 달릴 줄 알지만 달리지 않는다 89 / 낙타는 그냥 견디는 것이 아니다 94

4 일본원숭이의 넉넉한 마음

문화를 즐기는 일본원숭이 104 / 연장자 우선하는 평화로운 무리 109 / 공동 육아 펼치는 생태 공동체 115 / 어려운 환경을 함께 이겨 낸다 120 / 다양성 인정하는 조화로운 삶 128

5 박쥐는 진정한 '기회주의자'

5천만 년을 이어온 박쥐 138 / 일할 때와 쉴 때를 아는 박쥐 146 / 1000종이 넘는 박쥐의 공생 155 / 헝그리 정신의 대명사, 박쥐 163 / 박쥐는 훌륭한 바나나 농사꾼 170

6 캥거루, 험한 세상의 엄마 노릇

캥거루 삼형제의 주머니 동거 178 / 캥거루 어미의 지극정성 모성애 185 / 과잉보호는 경쟁력을 앗아간다 191

7 코끼리는 생태계의 건축가

초대형 동물은 어디로 갔을까 202 / 코끼리의 사뿐한 발걸음 209 / 생태계 돕는 코끼리의 사생활 213 / 지혜로운 암컷들의 무리 220 / 코끼리 생명에 중요한 이빨 227

8 고래는 왜 바다로 들어갔을까

고래는 발굽 동물이었다 234 / 고래의 진화는 장엄한 드라마 242 / 고래는 모두 돌고래처럼 똑똑할까 249

용어 설명 254

여는 글
가까스로 살아남은 것들의 아름다움

들숨에 자연을 담으면 날숨은 설렘으로 바뀐다. 아름다움은 진실에 선함을 더해야 이뤄진다는 걸 끊임없이 보여주는 자연이 고맙다. 폭염과 폭한, 폭우와 한발이 난데없이 휩쓸어도 생명의 끈을 부여잡고 펼치는 생태계는 언제 봐도 감동스럽다. 지구는 지금 숨 가쁘다. 빨라진 물 순환과 대기 변화가 일으키는 극단의 환경 변화에다 갖가지 오염들은 위협적이다. 그렇게 거센 세파에도 생물의 적응력은 놀랍다.

생태계는 다양한 생존 노력이 모여 공존의 기쁨을 알려 주는 곳이다. 생명들은 상조 작용 synergism 을 하면서 서로 힘이 되고, 제 삶과 죽음이 남을 키우는 에너지가 되면서 선순환한다. 보답을 따지지 않고, 도움을 강요하지 않지만, 결국 긍정이 긍정을 낳는 시스템이다. 생물들은 남과 다름을 알아내고, 나와 다른 남을 인정하고, 저마다 길을 찾아 함께 살아가면서, 다양하고 풍요로운 방향으로 발전해 나간다. 이들이 보여주는 협력은 직접적인 피드백이 아니라 열심히 살면서 누군가를 돕게 되고, 누군가는 또 다른 누군가를 돕게 되는 순환적 협력이다.

원래 생태계는 불평등하다. 풍요로운 곳이 있는 반면 물조차 구하기 힘든 열악한 환경도 있다. 풍요로운 환경일지라도 몸값이 치솟으며 쑥쑥 성장하는 다른 것 틈에서 어두운 빈 공간을 들쑤셔야 가까스로 살아남는 생물도 있다. 환호성에 숨죽인 패배, 흥청망청 틈새에 쪼들린 빈곤, 의기양양한 서슬에 기죽은 초라한 외형. 이런 것은 예외 없이 공존하는 생태계의 양면성이다. 강자에 눌리고 일어설 힘마저 모자라 솟아날 구멍이 없어 보여도, 서서히 힘을 응축하여 갈라진 틈을 헤집고 소중히 꿈을 키우는 생물들이 대자연과 세상을 향해 희망을 던진다. 묵묵히 제 몫을 하고 있다는 걸, 자신을 도울 뿐 아니라 남까지 도울 힘이 있다는 걸, 실패자로 사라지는 것이 아니라 빛나는 생명력을 지니고 있다는 걸 보여 준다.

서로 응원하는 생태계는 고진감래의 진리를 능동형으로 펼치며 희망을 이야기한다. 이 책은 그 희망을 찾아 우리에게 낯설지 않은 여덟 가지 동물과 함께 지구 생태계 전역으로 공간 여행을 하고, 과거에서 현재로 시간 여행을 떠나도록 구성했다. 생태계의 원리와 속성을 폭넓게 이해할 수 있게 하늘과 땅 그리고 바다를 모두 아울렀다. 또 남북 아메리카, 오스트레일리아, 아시아, 아프리카를 거치며 사막, 극지방, 열대 우림, 초원과 같은 특징 있는 주요 생태계를 두루 훑었다. 한편으로는 인간의 활동이 생물들에게 어떤 영향을 미치는지도 소개했다.

생태계가 아름다운 것은 거기에 숱한 어려움을 이겨 낸 자랑스러운 승리가 깃들어 있기 때문이다. 누구나 자신을 바르게 사랑하면 자신도, 더불어 사는 세상도, 좀 더 따스하고 아름다워질 것이다. 이 책을 보며 자연이 주는 사랑을 깨달으면서 자연을 아름답게 지키려는 마음이 우러나길 바란다. 누구나 꿈이 있다. 중요한 것은 그 꿈을 이루려고 애쓰는 과정이고, 그 속에서 바로 진화가 살아 숨 쉰다. 자연 생태계와 인간 생태계는 크게 볼 때 같은 원리로 돌아간다. 세상을 긍정 에너지로 가득 채웠으면 한다.

1

치타 얼굴에는 왜 까만 줄이 있을까

아프리카의 열대 사바나와 서남아시아의 온대 초원에서 사는 치타는 활동성이 강한 사냥꾼hunter이다. 독수리나 하이에나처럼 죽은 고기를 즐겨 먹는 청소동물scavenger과 다르다. 남이 잡은 것에는 별로 관심이 없고 살아 있는 임팔라, 가젤, 토끼와 그 밖의 작은 동물들을 스스로 사냥해서 신선한 살코기를 먹는다. 치타는 여느 육식동물과 달리 동물의 뼈와 살갗까지 먹기에는 턱이 약하다. 그나마 경쟁자 때문에 제대로 다 먹지도 못할 때가 많다. 그러니 사냥을 자주 해야 하고 에너지를 많이 소모한다. '억척'을 떨어야 살 수 있는 치타의 삶이 고달프게도 보이지만, 어떤 면에서는 일하는 즐거움에서 활력을 찾는 셈이니 오락이 따로 필요 없을지도 모르겠다.

단거리를 가장 빨리 달리는 동물 치타. 치타가 속력에 승부를 거는 데에는 그 나름의 사정이 있다. 치타는 명색이 육식동물이지만, 같은 고양잇과의 사자나 호랑이에 비해 힘이 약하고 이빨도 강하지 못해서 다른 동물을 단박에 제압하지 못한다. 게다가 생긴 것은 날렵한데 심성이 우직해서인지 잔꾀를 부리지 못한다. 그렇다고 하이에나처럼 떼로 몰려다니면서 남이 잡은 먹이를 날름 가로채는 것 또한 치타의 적성에는 맞지 않는다. 저보다 강한 경쟁자들 틈에서 치타는 어떻게 신체적 약점을 극복하고 자신만의 생존 전략을 만들었을까?

잔꾀를 부리지 못하는 치타

치타는 고양잇과 동물이다. 고양잇과 동물은 침팬지나 돌고래에 비하면 지능이 낮은 것으로 알려져 있다. 동물의 지능 지표로는, 동물의 뇌가 체중에서 차지하는 비율로 표시하는 대뇌비율 지수EQ, Encephalization Quotient가 있다. 치타의 대뇌비율 지수는 침팬지나 돌고래의 절반도 안 된다. 그러므로 치타는 꾀를 부리기 어렵고 대체로 단순하게 반응하는 동물로 알려져 있다. 쉽게 말해 머리보다 몸이 앞선다. 그런데 치타의 몸은 포식 동물치고는 약점이 적지 않다. 먹이를 발톱으로 채고 이빨로 물어뜯어야 하는 고양잇과 동물이지만, 몸집에 비해 얼굴이 작고 이빨 크기도 작다. 이것이 치타의 커다란 약점이다. 어찌 보면 일종의 장애를 가진 육식동물인 셈이다. 턱이 약하고 강한 이빨이 없는 치타로서는 싸우는 데 한계가 있다. 이빨로 공격해도 상대에게 별로 치명타를 주지 못하기 때문에 치타는 다른 고양잇과 동물보다 덜 사납다.

　이렇게 치타는 약점이 많지만 허장성세로 자신을 그럴 듯하게 꾸미는 일에는 관심이 없다. 경쟁에서 뒤질 게 뻔한 약점을 땜질하느라 시간과 에너지를 헛되이 쓰지도 않는다. 치타가 관심을 쏟은 것은 자신이 남과 무엇이 다른지 파악하고, 그 다른 부분을 대폭 강화하는 일이었다. 치타에게 필요한 것은 자신이 사는 곳, 함께 사는 동물과 경쟁자들, 자신의 위상과 한계점, 그리고 강점 등에 대한 깨달음과 정확한 판단이었다. 그러다 보니 독특한 달리기 법을 터득했고, 그것이 곧 생존 전략이 되었다.

＿독특한 달리기는 생존 전략

치타는 약점을 극복하는 방법으로, 달려드는 힘을 이용해 먹이의 숨통을 꽉 물어 질식시키는 방식을 찾아냈다. 물론 이 방법을 써도 몸집이 큰 먹잇감은 잡았다가도 작은 이빨 탓에 놓치기도 하지만 토끼나 작은 영양에게는 한 번에 치명상을 입힐 수 있다.

　오로지 최대 속도로 달릴 수 있도록 다리뿐 아니라 얼굴과 몸의 내부를 포함한 신체 구조까지 발달한 동물이 치타다. 등뼈를 이용하여 활처럼 굽었다가 튕기는 달리기 수법에서 치타의 특징이 드러난다. 폭발적인 가속도는 다른 동물들이 함부로 넘보지 못하는 치타의 비법이다. 이를 위해 치타는 군살을 줄였다. 근육과 골격계를 강화하고, 호흡과 순환과 배설을 위한 대사 작용을 활발히 하여 짧은 시간에 엄청난 속도를 낼 수 있도록 신체가 발달했다.

물어뜯는 데 약점이 있는 치타의 작은 얼굴은 달리는 데에는 오히려 장점이 된다. 빨리 달리려면 많은 양의 산소가 신속히 공급되어야 하기 때문에, 기도를 통해 많은 양의 공기가 지나가야 한다. 따라서 커다란 이빨을 고정하기 위한 긴 치근을 가질 공간이 없다. 공간이 워낙 빠듯해서 단단하고 큰 이빨을 갖지 못했고, 이로 말미암아 여느 포식동물에 비해 이빨이 작다.

치타는 또 가슴이 깊어서 경쟁자들보다 폐활량이 많다. 다리를 재빨리 움직이는 데 가슴이 넓으면 방해가 되기 때문에 그 대신 깊은 가슴으로 큰 폐를 확보했다. 폐가 커서 흡입한 공기 속 산소를 빠르게 받아들일 수 있고, 커다란 간과 심장과 신장은 여기에 맞춰 신체 반응을 할 수 있다.

빠름을 무기로 내세워야 하는 치타에게 '느림의 미학'이란 사치일지도 모른다. 빨리 움직이는 방법으로는 한 걸음의 폭을 넓히는 방법과 다리가 움직이는 빈도수를 단위 시간 동안 늘리는 방법이 있다. 들쥐나 뒤쥐는 빈도수를 늘려 다리 움직임을 빠르게 하는 동물들이고, 영양이나 기린은 보폭을 크게 하여 속도를 높이는 동물들이다. 보폭을 크게 하면 에너지 소모량에 비해 효율적으로 속도를 높일 수 있다.

보폭이 크고 다리를 자주 움직이면 속도가 빨라진다. 적지 않은 동물들이 보폭을 늘리기 위해 외형상으로 적응하고 진화해 왔다. 보폭을 늘리는 한 가지 방법은 발레리나가 토슈즈를 신은 것처럼 발가락 끝으로 달리는 것인데, 그만큼 다리가 길어지기 때문이다. 이렇듯 발가락 끝으로 걷고 달리는 동물은 초식동물들이다. 그중에서도 사슴이나 말같이 발톱이 발굽으로 변형된 유제동물이 대표적이다.

치타는 유제동물이 될 수 없었다. 발굽은 걷는 소리 때문에 먹이에 살며시 다가서기가 어렵고 날카로운 발톱을 가질 수 없는 까닭이다. 치타는 발가락으로 걷는 동물_{지행동물}이다. 곰처럼 발바닥으로 걷는 동물_{척행동물}보다 발가락이 아주 길다. 이들은 발바닥의 7개 뼈 중에서 발끝에 있는 2개의 뼈만을 땅에 대고 먹이를 향해 살금살금 다가가는 특성이 있다. 말처럼 발끝으로 걷는 동물보다는 다리가 짧은 편이지만, 치타는 몸집에 비해 다리가 길고 발가락뼈를 길게 늘여 보폭을 넓히도록 적응했다. 달리기 중에는 앞다리 두 개를 번갈아 힘차게 딛고 뒷다리 두 개로 탄력을 붙여 앞뒤 다리를 뻗으면 보폭이 최대로 늘어난다.

__ 몸의 사소한 부분도 달리기에 활용

치타는 달리는 속도를 높이기 위해 등뼈까지 활용한다. 말과 치타의 달리기를 비교하면 최대 속도는 유연할 때 나온다는 것이 드러난다. 말의 등뼈는 견고한 편이라 달리기를 다리만으로 해결하지만, 치타의 유연한 등뼈는 가속을 일으키는 채찍 같아서 활처럼 굽었다가 힘차게 튕기는 힘으로 작용한다.

오래 달리면 말이 치타를 이기지만, 단거리에서는 치타를 따를 수 없다. 치타는 단 2초 만에 정지 상태에서 시속 70킬로미터로 돌진하는 가속력을 자랑한다. 달릴 때의 보폭이 7~8미터이고, 1초에 네 걸음을 움직인다. 1초에 30미터를 달릴 수 있는 것이다.

유연한 등뼈는 달릴 때 뒷다리를 강한 탄력으로 튕겨 최고 시속 110킬로미터까지 내닫게 한다. 게다가 쇄골이 좁고 어깨뼈가 곧추서 있어서, 어깨뼈까지 활용해 보폭을 넓힌다. 꼬리 역시 도움이 된다. 균형을 잡고 방향타 구실을 하는 꼬리 덕에 치타는 빠르게 방향을 전환할 수 있다. 사소해 보이지만 결코 사소하지 않은 것을 챙길 줄 아는 점은 치타의 또 다른 힘이다.

치타의 속도에 대한 '도전'은 발톱에서도 드러난다. 대개 고양잇과 동물은 평소에 발톱을 감추고 살금살금 움직이다가 필요한 순간에 날카로운 발톱을 펴서 먹잇감에 치명상을 입히며 움켜쥔다. 이와 달리 치타는 고양잇과 동물임에도 발톱조차 최대 속도로 달릴 수 있도록 적응됐다.

여우나 늑대 같은 개과에 속하는 동물의 발톱은 덜 날카롭고 겉으로 드러나 있다. 이와 달리 사자나 호랑이, 표범과 같은 고양잇과 동물은 날카로운 발톱을 발가락 속에 넣고 있다가 공격할 때 편다. 즉, 쉽사리 자신을 드러내지 않은 채 절제하고 있다가 결정적인 순간에 거머쥐는 전략으로 최상위 포식자의 지위에 오른 것이다. 그러나 치타는 발톱이 오히려 개과 동물에 가깝다.

치타의 발톱이 부분적으로 노출되어 있는 것은 달릴 때 바닥에 큰 마찰을 일으켜 다시 돋움할 수 있는 힘이 되기 때문이다. 그래서 가속력을 높이고 빠르게 방향을 전환할 수 있다. 시간이 지나 발톱이 무디어지면 먹이를 공격할 때 효과가 떨어진다. 그러나 결정적인 순간을 놓치지 않도록 치타가 마련한 대비책이 있다. 4개의 발가락 뒤쪽 위에 붙은 엄지발가락을 갈고리처럼 이용해서 먹이를 단숨에 낚아채는 것이다.

치타의 얼굴에는 두꺼운 까만 줄이 있다. 눈물선을 따라 두 눈 안쪽에서 입의 가장자리로 나 있는 독특한 검은 선이다. 이것은 그냥 보기 좋으라고 있는 게 아니다. 이 선들은 햇빛의 눈부심을 줄여 준다. 검은색이 빛을 흡수하기 때문이다. 치타는 더러 표범과 헷갈리기도 하지만, 표범은 몸집이 더 크고 눈 안쪽을 따라 난 검은 선이 없다. 치타는 얼굴의 이 까만 줄로 표범이나 그 밖의 다른 종들과 쉽게 구분할 수 있다.

흔히 고양잇과 동물이 야행성인 것과 달리 치타는 오전과 오후에, 듬성듬성 숲이 있더라도 개방된 평원에서 활동하는 주행성 동물이다. 따라서 태양의 눈부심이 활동에 지장을 주지 않도록 대책이 필요했던 것이다.

과대 포장으로 기선을 제압하는 전략을 취하지 않고, 최선을 다해 달려 얻은 결과물은 크기에 관계없이 감동스럽다. 올림픽 2연패의 위업을 달성하며 "나는 다만 달릴 뿐이다."라는 짧은 말을 남긴 마라토너 아베베에게 치타의 모습이 느껴지는 건 우연일까?

자신을 올바로 파악한 치타

치타의 약점은 어떻게 보면 심각한 장애다. 그러나 다른 관점으로 접근하면 그것은 치타의 장점이기도 하다. 따지고 보면 어떤 동물에게나 열등감 또는 약점이 있다. 이런 열등감이나 약점은 발전을 저해하기 일쑤고 때로는 목숨까지 위태롭게 한다. 다른 조건이 모두 충족된 상태라 할지라도, 가장 약한 부분에서 생물이 가진 내성의 한계치를 넘어서면 생존에 위협이 된다. 이를 최소의 법칙Law of Minimum이라 한다. 그러나 적응을 잘하면 약점은 특징이 된다.

몸집이 작다고, 다리가 짧다고 신세타령하는 동물은 없다. 그들은 숱한 세월 동안 자신에게 가장 적합한 모습을 찾아 적응했다. 그래서 살아남았다. 동물은 모두 자신의 전략을 구사하면서 진보한다. 이렇듯 생태계에서는 성공한 삶이 따로 있는 게 아니다. 승자를 섞어내며 이루어진 시스템이 바로 생태계다.

긍정적 사고는 언제나 새롭게 변화할 수 있는 힘을 쌓게 한다. 그게 바로 경쟁력이다. 육식동물 치고 신체 구조가 뒤떨어진 치타가 뛰어난 단거리 실력을 지니게 된 것도 긍정의 힘에서 나왔다. 약점에 연연하는 게 아니라 장점에 집중해 삶의 무게를 이겨 내고 빨리 달릴 수 있게 되었다.

생태계는 생물들이 함께 사는 시스템이다. 그 속에는 그늘에서만 사는 생물도 있고, 햇빛을 향해 위로 치솟는 생물도 있다. 잡아먹는 생물도 있고 잡아먹히는 생물도 있다. 롱 다리도 있고 숏 다리도 있다. 모두 그 나름의 특징이 있고, 역할이 있다. 롱 다리가 좋고 숏 다리가 나쁜 것이 아니다. 저마다 사는 방법이 독특해서 우열을 따질 수 없기 때문이다. 생태계에서 왜 롱 다리나 숏 다리 나름의 독자성이 중요한가 하면, 그것이 다양한 환경에서 다양한 생물의 경쟁력과 생존력으로 해석될 수 있는 까닭이다.

땅을 파는 두더지처럼 강한 숏 다리가 필요한 상황에서 롱 다리는 경쟁력이 없다. 롱 다리로 버티다가는 생존 경쟁에서 지고 만다. 생존 경쟁은 패배자를 도태시키기도 하지만, 살려고 벼르게 되면 새로운 방향으로 발전할 수 있는 힘이 된다. 이는 공존의 방향을 찾게 만드는 중요한 현상이다. 자연 생태계뿐 아니라 인간 생태계에도 이 현상이 적용된다.

어디에서건 날 때부터 힘센 쪽과 힘없는 쪽이 나뉘고, 가진 쪽과 못 가진 쪽이 있다. 못 가진 치타가 보기에는 매우 불리한 출발점과 과정이 눈앞에 놓여 있었다. 그렇지만 쓸데없이 우열을 비교하며 환경만 탓하고 있었더라면 치타의 성공은 물 건너간 일이 될 뻔했다. 치타는 자신을 바로 보았다. 자신을 올바르게 보는 일이야말로 모든 일의 시작이다.

치타는 상황을 받아들였고, 자신에 대한 정확한 판단 속에 자기 특기를 무기로 삼아 노력한 끝에 성공한 육식동물이 되었다. 그러지 않았다면, 치타는 일찌감치 야생에서 사라지거나 애완동물에 머무르는 신세였을 것이다.

__ 온도 변화도 알아채는 콧수염

성공하려면 상황 판단을 정확하게 할 필요가 있다. 치타의 빠른 상황 인식은 예민한 감각과 기다란 콧수염에서도 엿볼 수 있다. 특히 콧수염은 어두운 곳을 더듬어 길을 찾아가는 데 도움이 될 뿐 아니라, 바람의 흐름을 알아차리고 앞에 장애물이 있는지도 파악할 수 있게 한다. 치타를 비롯한 고양잇과 동물의 발은 예민하다. 발로 만지면서 딱딱한 정도를 구분하고, 땅이 진동하는 걸 감지해 지진이 생기면 알아채고 대피한다.

치타는 고양잇과 동물로서 촉각도 놀랄 만하다. 사냥할 때나 먹을 때나 놀 때나 심지어 잘 때도 자극을 느끼면 바로 반응한다. 특히 콧수염과 온몸의 털은 아주 예민하다. 피부에도 촉각을 받아들이는 곳이 수백만 개나 있어서 공기의 흐름이나 온도의 변화도 알아차린다.

치타의 생존 전략 중에는 보호 무늬도 포함된다. 보호 무늬는 먹잇감의 눈에 잘 띄지 않고 숨어 있다가 살금살금 다가설 수 있게 해서 단거리를 질주하는 사냥꾼이 되는 데 큰 도움이 되었다. 보호 무늬가 있는 동물은 크게 둘로 나뉜다. 자신을 잡아먹으려는 적의 눈에 잘 띄지 않도록 하거나 달아날 때 목표물을 헷갈리게 하는 기린이나 얼룩말 같은 초식동물, 그리고 주변 환경과 구분이 안 되게 위장해 살그머니 먹이에 다가서는 치타와 호랑이 같은 육식동물이다.

치타의 사냥은 낭비를 줄이고 핵심 역량에 집중하는 전략을 따른다. 치타가 가장 좋아하는 먹잇감은 톰슨가젤이다. 사냥하기 전에 치타는 풀숲에서 살그머니 다가가다가 무리에서 혼자 떨어져 있는, 몸집이 크지 않은 먹잇감에 집중하여 달려든다. 물론 상대는 잡아먹히지 않으려고 온힘을 다해 달아나는데, 둘 사이의 속도 균형은 단시간에 깨진다. 치타는 오래 달리면 지치기 때문에 짧은 거리에서 먹이를 잡지 못하면 포기해 버린다. 포기해야 할 때 포기할 줄 아는 것도 치타의 성공 요인이다.

치타는 빨리 달리면 곧 지쳐 버린다. 최대 속도인 시속 110킬로미터로 달릴 수 있는 거리는 고작 270미터 정도밖에 안 된다. 전 속력으로 달리면 근육 운동으로 발생한 열 때문에 체온이 급상승한다. 따라서 뇌에 무리가 가고 더 달리기 어렵다. 체온이 41도에 달하는 상태가 이어지면 효소가 변성되어 정상 활동이 불가능하고 극히 위험해진다. 그러므로 몸에 열이 팍팍 나기 시작하면 달리기를 멈추고 헐떡이면서 체온을 낮추어야 한다. 온힘을 다해 달리다 보면 근육에 저장되어 있는 에너지원인 글리코겐을 삽시간에 써 버리게 되는데, 계속 달리면서 피를 통해 산소와 양분을 공급 받기는 어렵다. 산소 공급이 부족한 상태에서 짧은 시간 동안 많은 에너지를 소비하면 젖산이 축적되어 근육이 단단해지고 유연성이 떨어지므로 지속해서 최대 속력을 낼 수가 없다.

 톰슨가젤 또한 아주 빠른 동물이다. 몸집은 작지만 다리가 매우 길어서 한 번 펄쩍 튀어 오르면 3미터 위로 솟구치고 한 걸음에 9미터쯤 나아갈 수 있다. 장난을 칠 때나 적이 나타났을 때에는 높이 껑충 뛰어올랐다가 그대로 착지하는 프론킹을 한다. 그럼으로써 무리에게 위험을 알리고 적을 잘 볼 수 있기 때문이다. 포식자들은 프론킹 하는 모습을 보고 오히려 겁을 먹기도 한다. 가장 빠른 동물인 치타보다도 더 빠르게 방향을 전환할 수 있다는 점은 톰슨가젤의 장기다.

 포식자와 피식자 가운데 어느 한쪽이 훨씬 우세해지면 균형이 깨지지만, 자연은 놀라울 만큼 균형을 이루고 있다. 먹고 먹힘의 균형도 교묘해서 포식자가 최선을 다할 때에야 가까스로 사냥에 성공한다. 치타의 사냥 성공률은 30퍼센트 정도다. 그러나 설사 성공했다 하더라도 먹이를 잡은 뒤 지쳐서 헐떡대느라 다른 동물에게 뺏기는 경우도 종종 있다.

달리기보다 중요한 시야

경험을 토대로 치타가 키운 또 하나의 기술은 시야를 넓히는 것이다. 달리기 실력만 믿고 눈앞의 먹이에만 골몰하여 달려들다간 장애물을 미처 보지 못하고 위험에 처하기 십상이다. 치타는 후각보다 시각에 의존하도록 적응되었다. 치타가 획득한 거시적 판단력은 여느 육식 동물보다 앞선다.

몸집이 큰 고양잇과 동물이 수백 미터 앞의 먹이를 쫓는 데 비해, 치타는 시력이 좋아서 몇 킬로미터 밖의 먹이까지 사냥 목표로 삼기도 한다. 먹이에 50미터 근처로 접근할 때까지 달려가는 평균 시속은 72킬로미터다. 먹이 가까운 풀숲에 숨어 사냥 기회를 엿보다 달려들 때는 달아나는 먹이와 함께 전속력으로 속도전을 벌인다.

치타는 먹이를 찾을 때 우선 나무줄기나 흰개미집 꼭대기 같은 곳에 올라가 주변을 훑어보면서 목표물을 정한다. 평소 치타는 나무줄기에 잘 오르지 않지만 시야 확보를 위해서 낮은 줄기를 타기도 한다. 일단 가까운 거리까지 다가가서는 결정적인 순간을 위해 숨어서 먹잇감의 동태를 살핀다.

목표로 정한 먹잇감에 50미터 내로 접근한 뒤부터 치타의 특기가 발휘된다. 전속력으로 달려들어 먹이의 숨통을 끊어 놓는 것이다. 여기에 걸리는 시간은 대개 20초 안쪽이고, 1분을 넘기지 못한다. 이때는 고도의 긴장 상태가 유지된다. 이런 긴장 상태를 오래 끌면 몸에 무리가 오고 이상 징후가 나타나기 일쑤다. 그러므로 쉬지 않고 최선을 다한다는 것은 불가능하다. 치타는 평소에는 쉬면서 에너지를 비축하고 있다가 꼭 필요할 때 폭발하듯 에너지를 사용한다.

치타는 자신의 부족한 부분까지 그대로 받아들이고, 또 강점을 계발하기 위해 끊임없이 노력했다. 자신을 건강하게 사랑하는 일은 어쩌면 생존을 위한 눈물겨운 선택이고 최선이다. 치타가 달리기 왕으로 동물 생태계에서 우뚝 서게 된 것은 얼떨결에 이루어지지 않았다.

치타처럼 자신의 독자성을 찾아내고 발휘하면 극심한 경쟁 사회에서도 당당히 살아남는다. 어려운 여건은 힘을 기를 수 있는 축복의 조건일 수도 있다. 치타가 삶의 전략을 남과 달리하면서 기른 힘은 그의 독자성이 되어 비교 대상이 마땅히 없다. 방향을 제대로 짚은 결과다. 최선을 다하면서 만족하고 감사하는 삶 속에 성공이 있다.

치타는 외로움을 잊고 달린다

치타는 달려야 산다. 그것도 대충이 아니라 전력을 다해서 달려야 한다. 그래서 아무 데서나 살 수도 없다. 숲이나 늪처럼 움직이기 불편한 곳, 자갈밭이나 울퉁불퉁한 산악 지대에서는 달리기 실력을 발휘하기 어려운 까닭이다. 치타의 거주 공간은 사바나와 그 언저리다. 개방된 초원 지대를 끼고 있어서 위험이 따르는 곳이다.

숨을 곳이 별로 없는 노출된 서식지에서는 어린 치타의 사망률이 높을 수밖에 없다. 육식동물 중에서 호랑이나 표범은 숲에서 쉬거나 나무 또는 바위에 새끼를 숨길 수 있고 나무 위로 올라가 여유를 갖기도 한다. 그러나 개방된 초원에서 살아가는 치타는 새끼를 고작 풀숲에다 숨긴다. 그래서 야생에서 새끼의 사망률이 90퍼센트에 이른다. 표범의 새끼 사망률이 40~50퍼센트인 것과 비교하면 풀숲 바닥에 누워 있는 작은 치타 새끼가 얼마나 위험한지 알 수 있다. 풀숲

에 애써 새끼를 숨긴 뒤 사냥에서 돌아온 어미가 사자나 하이에나에게 먹힌 새끼의 흔적을 발견하는 가슴 철렁한 경험은 치타에게 드문 일이 아니다. 치타는 집단생활에 잘 적응하지 못하고 사회성이 떨어지는 동물이어서 위험 부담이 더 크다. 어미 혼자서 새끼를 보살피고, 사냥해서 먹여 살리고, 포식자로부터 보호하느라 온갖 스트레스를 받는다.

백지장도 맞들면 낫다고 위험을 혼자 감당할 능력이 모자라는 동물은 흔히 집단을 이루어 산다. 방어력이 약한 동물이 모여 사는 것은 하나의 생존 전략이다. 모여 있으면 적의 공격을 얼른 알아차려 도망가거나 함께 방어할 수 있다. 또 여럿이 적을 헛갈리게 해서 한 마리에 집중하지 못하게 하여 위험을 피할 수 있다. 얼룩말이나 영양 같은 초식동물은 이처럼 집단생활로 자신을 방어한다.

사자는 몸집이 크고 경쟁력을 갖추고 있는데도 무리를 지어 사는 것을 좋아한다. 고양잇과 동물 중에서 예외라고 할 만하다. '프라이드Pride'라고 하는 가족 단위로 살아가기 때문에 사자는 위험에 훨씬 덜 노출된다. 가족을 이루지 못한 사자 총각수컷들은 협력하여 몸집 큰 먹이를 공격한다. 가족 단위를 이룬 무리에서는 암컷들이 함께 커다란 먹잇감 사냥을 하고, 우두머리 수컷은 집단을 이끄는 역할을 한다. 이렇게 사자는 혼자서 감당하는 스트레스를 크게 줄이며 새끼도 보호하고 협력하며 산다.

그러나 치타를 비롯해 호랑이나 표범 같은 대개의 고양잇과 동물은 실속 챙기길 좋아해서인지 '싱글'로 사는 것이 많다. 치타 암컷은 특히 새끼 기르느라 혼자 사방팔방으로 뛰어다녀야 하는 처지다.

치타는 대부분 '싱글'이다

치타는 동물원에서 12살이 다 되도록 산다. 그러나 야생에서는 평균 수명이 7살이 채 안 된다. 사자의 평균 수명이 15년인 것과 비교하면 치타가 겪는 고초가 얼마나 큰지 짐작할 수 있다. 나이 많은 치타가 근육의 유연성이 떨어져 최대 속도를 내지 못할 때 겪는 어려움은 늙더라도 강력한 턱과 이빨이 있는 사자나 표범보다 훨씬 클 것이다.

잡은 먹이를 빨리 먹어치우지 않으면 사나운 다른 포식자들에게 빼앗길 우려가 있어서 치타는 먹이를 알뜰살뜰 먹지 못하고 뼈와 내장뿐 아니라 살점도 남긴다. 고양잇과 동물은 개과 동물과 마찬가지로 크고 날카로운 송곳니를 이용하여 먹이를 공격한다. 그러나 개과 동물의 어금니처럼 갈아먹는 표면이 없다. 치타는 더군다나 이빨마저 작아서 딱딱한 뼈를 갈아먹지 못한다.

남은 고기는 청소동물과 분해생물의 몫이다. 죽은 고기를 먹는 청소동물과 미생물의 역할, 그리고 포식동물의 균형 조절은 모두 생태계에서 중요하다. 이들이 죽고 죽임에 관여하는 것은 생태계의 건강한 생명력 유지를 위해 필요한 일이다. 이런 조절이 제대로 되지 않아 특정 균의 번성을 비롯한 균형 파괴가 심각해질 때가 자연 생태계에 종종 있다.

치타는 주로 단독 생활을 하지만 암컷이 새끼들과 지내는 단위가 있고, 수컷 두세 마리가 함께 사냥하면서 세력권을 공유한 채 사는 일이 더러 있긴 하다. 치타 암컷은 새끼 기르는 기간을 제외하고는 대부분 혼자 지낸다. 수컷과 암컷은 짝짓기 기간에만 함께 지내고 새끼를 기르는 일은 암컷이 맡는다. 암컷은 평균 90여 일의 임신 기간에도 홀로 먹이를 찾아 먹고 두세 마리가 넘는 새끼를 혼자 낳아 기르는 외톨이 습성이 있다. 이런 어미의 독립심은 풀숲에 남겨진 새끼들에게 피할 수 없는 위험이 되기도 한다.

어미 치타는 멀리 떨어져 있어도 새끼가 놀라서 찍찍대는 소리를 알아듣는데, 먹이 사냥에 골몰한 듯해도 마음은 새끼에게 가 있을 때가 많기 때문이다. 치타와 같은 고양잇과 동물은 개과 동물이 듣지 못하는 훨씬 높은 음을 알아차린다. 귓바퀴를 움직여서 희미한 소리가 들리는 곳도 쉽게 찾아낸다. 특히 높은 음을 잘 들어서 사냥을 하거나 위험을 피하는 데에 도움이 된다.

치타 새끼는 18개월부터 독립

새끼 치타가 5개월이 될 때까지 살아남는다면, 그다음부터는 크게 마음 졸이지 않아도 대부분 어른 치타로 성장할 수 있다. 6개월이 되면 사냥꾼 기질을 슬슬 보이면서 모험도 감행한다. 어린 새끼에게는 첫 18개월이 가장 중요한 학습 기간이다. 인성의 목표나 방향이 청소년기의 이런저런 학습에서 큰 영향을 받는 것과 같은 이치다. 그 시기에 어떻게 먹이를 사냥하는지 배우고 실패도 경험한다. 표범, 사자, 하이에나 같은 포식자를 어떻게 피하는지 또한 배우며 차곡차곡 실력을 쌓아 간다.

18개월이 지나면 어미 치타는 미련 없이 새끼들 곁을 떠난다. 남겨진 새끼들은 어미에게서 배운 실력을 발휘하며 6개월 정도 더 함께 지내다가 2살 정도 되면 암컷은 수컷 형제를 떠나 독립한다. 수컷은 저희끼리 남아 연합해서 살기도 하고 혼자 지내기도 한다, 때로는 영토를 방어하기 위한 격렬한 다툼으로 말미암아 상처를 입어 죽음에 이르는 수컷도 있다.

치타에게 가장 위협적인 존재

고양잇과 동물인 치타*Acinonyx jubatus*는 속genus이 하나밖에 없는 종이다. 고양잇과 동물 중에서 호랑이는 아시아에 5종류가 살고, 사자는 아시아와 아프리카에서 서로 다른 종류로 산다. 표범은 베트남과 라오스에서 인도를 거쳐 아프리카에 이르기까지 20종류가 넘게 산다.

치타는 다양하지 못하다. 유전적으로 거의 같은 종류만 남아 있다. 사람조차 다양한 환경에 적응하면서 피부나 머리털 색깔, 골격 등 외모에 조금씩 차이가 나는 여러 인종으로 사는데 치타는 동일한 특성으로 남아 있다. 이는 종의 존속에 위험 요소로 작용한다.

여느 야생 동물들은 같은 종일지라도 유전자가 80퍼센트 정도 일치하지만, 치타의 경우는 어느 곳의 치타를 비교해도 유전자의 99퍼센트가 같다. 유전자가 이렇게 획일화되면 환경 변화에 유연하게 적응하기 힘들다. 저항력이 떨어지면 개체군 전체가 위험에 처할 확률이 다양한 유전자를 가진 종류에 비해 훨씬 높다.

치타는 특정 환경에 적응해 살아오면서 자기 나름의 습성으로 특화되어 있어서 내성의 폭이 좁다. 그래서 환경 변화가 갑작스럽게 커지면 감당할 힘이 턱없이 모자라기 쉽다. 적응력 부족은 치타의 정신력과 용기로 해결할 수 없는 일이다.

다양하지 못한 유전자 구성으로 인해 치타 개체군은 특정 바이러스에 높은 감염률을 보이거나 약한 내성을 나타낼 수 있다. 만일 표범의 건강한 개체군으로 전염성 바이러스가 침범한다면, 다양한 유전자가 포함된 표범 개체군에서는 몇몇에만 치명적이고 나머지는 말짱할 수 있다. 그러나 치타는 한 마리가 감염되면 근처에 살고 있는 다른 치타들도 덩달아 질병에 시달리다가 죽을 확률이 더 높다.

치타가 유전적 다양성을 잃은 것은 변화하는 환경에 적응력이 큰 다양한 유전자보다는 한정된 지역에서 경쟁을 이겨낸 특정 유전자로 채워졌기 때문이다. 먹이경쟁에 다양한 방법을 채택할 수 없는 포식동물로서 점점 외곬의 행동으로 융통성이 없어진 까닭이다. 치타는 초원에서 달리기 선수로 살도록 적응하면서 단순화되었다.

이런 변화는 특정 환경에서 자신의 실력을 뚜렷이 드러낼 수 있는 강점이 되기도 했다. 그러나 너무 특수화한 나머지 다양한 환경에 적응하는 능력은 줄어 버렸다. 고도의 전문성이 필요한 경쟁사회에서는 전문가가 되어야 자신을 드러낼 기회가 많다. 그러나 전문성에

너무 집중해 상황을 돌파할 궁리만 하다가 변화하는 힘을 잃는다면 급변하는 환경에 대처하지 못하고 엎어지는 일도 적지 않다. 사회성이 뛰어나든지, 넉살이 좋아서 여기저기 비집고 살든지, 외모라도 든든하든지 했으면 치타는 훨씬 편한 길을 걸어왔을 것이다. 그러나 이도 저도 아니면 애써 쌓은 기술력 앞에도 위험 요소는 상존하게 된다. 치타가 초원에서 펼치는 달리기 특허는 오랜 진화를 거쳐 채택된 것임에도 인간이 급작스레 펼쳐놓는 엄청난 압력에 눌려 무용지물이 될 위험에 놓여 있다.

영역 축소로 유전자 다양성 감소

얼굴이 짧고 콧구멍이 넓은 현생 치타는 10만 년 전쯤부터 들판을 빠른 속도로 누볐고, 1천만 년 전 신생대의 마이오세에 지구상에 등장한 고양잇과 동물 중에서 마침내 달리기 챔피언 자리에 올랐다. 마이오세를 지나 신생대 제3기의 선신세에 해당하는 플라이오세 530만 년 전부터 180만 년 전에 들어서면서 고양잇과 동물들은 각자 전문성을 확보하며 다양한 종으로 분화한 것으로 드러난다. 사자와 호랑이, 현재보다 몸집이 큰 치타의 조상들도 선신세에 나타난다. 스라소니는 4백만 년 전에, 재규어와 표범은 유라시아에서 2백만 년 전에 공동 조상으로 등장한다.

 이렇듯 유전적 다양성을 향해 달려가던 고양잇과 동물들은 현재 수가 급격히 줄면서 유전적으로 현저히 단순화되는 중이다. 그중 치타의 유전적 다양성 감소는 단연 두드러진다. 약한 턱과 이빨에다 단순화된 유전자로는 환경 변화에 적응력이 약해서 스스로 내성을 키우는 데에 한계가 있을 수밖에 없다.

급격한 유전자 다양성 감소는 근친 교배 탓이 크다. 인간에 의해 치타의 거주지가 파편화되면서 좁은 지역에 적은 수가 남겨지면 근친 교배 확률이 커지고 열성인자가 표현되면서 생존에 불리해진다. 게다가 여타 포식동물에 비해 덜 사나운 치타는 애완용으로 어린 새끼들이 거래되기도 했다. 고대 이집트에서 치타는 왕권과 우아함의 상징으로 여겨져 애완용으로 기르거나 사냥용으로 사육되기도 했다. 이러한 전통은 고대 페르시아를 거쳐 인도는 물론 에티오피아에도 전수되었는데 적은 수의 치타가 사육되면서 유전자 다양성은 현저히 떨어지게 되었다. 어떤 종이든 인간의 간섭이 따르면 그 종은 먹이를 찾는 기본 생존 능력마저 떨어지고 자연에 대한 적응력을 잃어버리면서 가축화한다. 사육하면 어쩔 수 없이 근친 교배 확률이 매우 높아진다.

좁은 면적에서 개체들이 모두 비슷한 성질의 유전자를 갖게 되면 개체군은 환경 변화를 견디는 힘이 약해진다. 또 예상치 못한 유전자가 출현하는 일이 생기고, 적은 수의 집단은 기대를 벗어나 뜻하지 않은 유전적 특성을 갖게 되는 '유전적 부동genetic drift'이 일어나기도 한다. 이것은 수가 줄어드는 것보다 더 치타의 멸종 가능성을 높이는 잠재적 위험이다.

치타는 이미 유전자 다양성이 현저히 떨어져 있어서 다른 환경에 적응하기도 틀렸다. 맘껏 달릴 수 없는 숲이나 그 밖의 환경에서는 치타의 경쟁력이 떨어진다. 치타는 획일화된 유전자로 쪼개진 거주지에 고립된 상태다. 다양한 유전자를 확보하기에는 개체수가 너무 적고 시간 여유도 없다. 그저 보호하는 게 최선이다.

치타가 사라질 위기에 처한 이유 가운데 날로 줄어드는 영역도 꼽을 수 있다. 치타는 개방되어 있긴 하지만 어느 정도 몸을 감출 수 있는 키가 큰 풀이나 덤불, 더러 나무가 있는 초원에서 산다. 먹이를 얻기 위해 달릴 수 있는 넓은 초원이다.

그런데 야생 동물의 포식자로서—먹어 치운다는 뜻은 아니지만— 인간의 등장은 치타에게 큰 위협일 수밖에 없다. 농경지 확장으로 치타의 서식지가 군데군데 사라지면서 서식 면적이 많이 줄었다. 치타는 특히 영아 사망률이 높기 때문에 자신이 살 수 있는 충분한 영토나 먹이가 확보되지 않으면 사망률이 출생률을 초과하면서 소멸 위기에 놓이기 쉽다.

100년 전보다 10분의 1로 줄어

오늘날 치타는 아시아와 아프리카에 1만 2500마리 정도만이 살아남은 것으로 알려져 있다. 이는 100년 전에 10만 마리가 있던 것에 비하면 빠른 감소 속도다. 그나마 남은 적은 수의 치타마저 고립된 채 살아가면서 사람이나 가축들과 부딪치곤 한다. 치타의 가장 큰 스트레스는 아마도 사람과 마주쳐 경쟁해야 하는 상황일 것이다. 가장 규모가 큰 개체군은 아프리카의 나미비아에 있는데 이 또한 1980년대에 반쯤으로 줄어 2500마리보다 적은 수가 남아 있다.

개방된 서식지를 택하는 치타의 특성상 이런 곳에서 세를 확장해 가고 있는 인간과 마주쳐야 할 때가 많아지고 있다. 어처구니없게도 인간의 관대한 처분에 의지하는 수밖에 없는 것이 치타의 신세다. 인간은 치타 같은 야생 동물과 자연 자원을 놓고 경쟁한다. 일방적인 것은 말할 나위 없다. 강자와 약자의 경쟁이라기보다, 강자가 오만과 횡포를 부리고 있다. 인구 증가와 소비문화의 발달로 식량, 광물, 목재 같은 자원에 대한 수요가 증가하면서 인간은 야생 동물의 서식지를 점유하며 지구 자원을 과소비하고 있다.

이런 일은 치타처럼 넓은 면적의 세력권이 필요한 동물에게는 더 위협적이다. 최근의 조사에 따르면 치타는 혼자 사는 암컷에게 구애하기 위해 수컷이 더 오랜 기간, 더 넓은 면적에 걸쳐 다니며 짝짓기 노력을 하고 있다. 이것은 치타에게 넓은 면적이 확보되어야 하는 또 다른 이유다.

2

줄기러기는 에베레스트를 넘는다

기러기는 물새다. 오리과 새인 기러기는 짝짓기를 위해 물을 찾기 때문에 물가는 그들의 번식지가 된다. 오리과 새는 물새를 대표한다. 이들은 발가락에 물갈퀴가 있다. 오리와 기러기, 고니가 모두 그렇다.

물새는 수컷의 생식기가 겉으로 돌출되어 있어서 짝짓기를 물속에서 한다. 마른 땅에서 짝짓기를 하면 수컷이 다치는 경우가 종종 있기 때문이다. 수컷의 생식기가 돌출되어 있는 것은 오리과 새와 주금류의 특징으로 여느 새들과 다른 점이다. 주금류로는 기러기 종류를 가금으로 길들인 거위, 큰 몸집의 타조 등이 있다. 튼튼한 다리로 지상에서 생활하는 새들이다.

기러기는 오리나 고니보다 발을 좀 더 앞쪽으로 떼어 놓기 때문에 마른 땅에서 다른 물새에 비해 쉽게 걷고 먹이도 편하게 먹는다. 강이나 호수 또는 저수지 부근에서 발견되곤 하지만 물속보다 땅 위에 있는 시간이 더 많다. 앞발가락 3개에 얇은 막으로 연결된 물갈퀴를 노 삼아 헤엄쳐 나아가고, 물 위에 뜨고, 깊지 않은 물에서는 다이빙도 한다. 물새의 깃털에는 방수 기능이 있다. 부리로 깃털을 다듬으며 몸단장을 하면 꽁지 아래에 있는 기름샘에서 나온 기름이 깃털을 덮어 방수 효과가 생긴다.

줄기러기 떼는 9천 미터 상공으로 치솟아 오른다. 이들이 순응 과정 없이 급격히 대류권 상층부로 획 올라가는 것은 사실 위험천만한 일이다. 그만큼 환경이 급격히 달라지기 때문이다. 대류권 상층부는 공기가 지표보다 워낙 희박해서 기압이 매우 낮다. 산소도 아주 적고, 영하 수십 도에 이르는 추위 때문에 생물이 견디기 어려운 환경이다.

고향길이 아무리 험하다 해도

기러기 중에서도 온순하고 우아한 자태를 지닌 줄기러기 bar headed goose 는 해마다 봄이면 떼를 지어 지구에서 가장 높고 험한 곳을 넘어 이동한다. 인도의 저지대에서 겨울을 보낸 뒤 히말라야 산맥의 좀 낮은 봉우리를 거치기도 하지만, 때로는 곧바로 에베레스트를 넘어 티베트 고원에 있는 번식지로 이동한다. 그러고는 가을이 되면 간 길을 되짚어 돌아온다.

말하자면 줄기러기는 한 해에 두 차례씩 에베레스트를 넘나드는 철새다. 낮은 고도를 택해 우회하지 않고 8400미터에 이르는 마칼루를 곧바로 훌쩍 넘는 것이 목격되고 있다. 8848미터 에베레스트 꼭대기에서는 산소 부족으로 등잔불도 타기 어렵고, 희박한 공기 때문에 헬리콥터가 날기도 어렵다. 그러므로 에베레스트를 넘을 때 줄기러기가 맞닥뜨리는 급격한 환경 변화는 상상을 초월한다.

줄기러기는 고도에 따른 대기압과 온도의 엄청난 변화와 극심한 산소 부족에 정면으로 맞선다. 에베레스트 상공의 대기압은 급격히 낮아져서 폐 속의 공기가 빠져나갈 듯 느껴지기 일쑤다. 그곳에서는 살이 노출되면 곧바로 얼어붙을 만큼 온도가 급강하하고, 산소 농도가 저지대의 3분의 1정도로 희박해진다. 그러나 줄기러기는 9천 미터 상공을 거침없이 뚫고 나간다. 높은 고도에서는 빠른 바람이 불기 때문에 순풍은 도움이 되지만 급격한 날씨 변화가 수시로 일어나고 위험이 곳곳에 도사리고 있다. 그럼에도 줄기러기는 자신과 동료들을 믿으며 하늘 높이 치솟아 오른다.

__ 상상을 뛰어넘는 9000미터 비행

여느 기러기의 비행 고도가 900미터 정도인 것에 비하면 줄기러기의 비행 고도는 도전이라 할 만하다. 정신 바짝 차려 삶의 주인공은 자기임을 되뇌며, 동기 부여를 하는 것만 같다. 온순해 보이는 줄기러기의 열정을 보면 저절로 외유내강外柔內剛이 떠오른다. 줄기러기가 정말 도전을 즐기는 것일까? 조용한 일을 즐기기보다 고공 낙하처럼 위험한 일에 도전하는 사람들에게 '스릴 추구 변종 유전자'가 있다고 밝혀진 대로, 어쩌면 줄기러기는 여느 새보다 스릴을 즐기는 유전자를 타고났을지도 모른다.

여름에 북극 지방에서 해가 지지 않는 밤을 즐기며 번식하던 북극제비갈매기는 겨울이 오면 남극에서 여름을 나기 위해 1만 3천 킬로미터라는 긴 거리를 이동한다. 그래서 이 새는 지구의 날빛을 늘 누릴 수 있다. 줄기러기는 티베트의 고산 호수와 강 주변의 풀숲을 이용해 번식하는 새다. 에베레스트를 넘으며 지구에서 가장 급격히 변화하는 환경을 극복하면 줄기러기 또한 덤으로 주어지는 성취감과 쾌감까지 즐길 수 있을지 모를 일이다.

아무리 거친 환경을 잘 견디는 새라 할지라도 죽음을 무릅쓰고 오갈 만큼 티베트 고원이 풍요로운 곳은 아니다. 티베트 고원은 그저 고즈넉한 곳일 뿐이다. 하기야 풍요로운 곳이면 거기에는 다른 동물들과 포식자가 우글댈 것이다. 줄기러기는 그렇게 소란스런 곳은 좋아하지 않는 것 같다. 오붓하게 짝짓기를 하고 뿔논병아리나 브라만오리와 오순도순 어울리기에는 호젓한 고산 호수가 제격일 것이다. 티베트 고원은 평온하고 쾌적해서 짝짓기에도 좋을 것이다. 고산 지대의 강과 호수는 줄기러기가 즐겨 찾는 짝짓기 장소다. 그러나 히말라야의 거대한 그늘이 생기기 전의 고대 티베트는 오늘날과 퍽 달랐을 것으로 여겨진다. 얼음과 눈 녹은 물이 흘러내리며 골짜기는 숲으로 뒤덮이고, 여름 호수와 하천에는 생물들이 복닥거렸을 것으로 짐작된다.

옛적의 이런 풍요로운 환경이 줄기러기의 여름나기를 이끈 한편, 지각판 변화로 인한 산맥의 상승 현상은 서서히 일어났기 때문에 예전 줄기러기의 습성이 대를 이어 내려온 것이라는 주장이 있다. 지금도 히말라야는 인도판이 유라시아판을 밀고 조금씩 북상하면서 해마다 1센티미터쯤 높아지고 있다. 인도판이 티베트 고원 쪽 북동 방향으로 5센티미터씩 밀고 올라가고 유라시아판은 북쪽으로 2센티미터가량 움직이면서 지각판이 변형되고 압축되는 것으로 밝혀졌다. 지구에서는 이와 같은 지각판의 변화로 히말라야의 상승과 대서양의 확장이 이어지고 있다.

줄기러기가 히말라야를 넘어 인도와 티비트를 오가던 습성은 차츰 높아진 고도에 적응하게 되었는데, 새로운 세대가 앞 세대로부터 이주 경로를 배우고 다음 세대에게 가르치는 동안 이 습성이 줄기차게 이어졌다는 말이 있다. 이런 주장이 논란의 여지가 없는 것은 아니다. 다만, 줄기러기가 높은 고도를 택한 것은 무엇보다 이해득실 측면에서 실보다 득이 컸기 때문일 것이다.

__ 대서양을 가로지르는 유럽뱀장어

지각판의 변화 때문에 고생이 막심해진 동물은 줄기러기만이 아니다. 유럽뱀장어도 여행 거리가 훨씬 멀어졌다. 유럽뱀장어는 유럽의 강에서 10~14년 동안 살다가 미국 플로리다 남동쪽에 바닷말이 군락을 이루고 있는 곳까지 와서 알을 낳는다. 이 뱀장어는 유럽 쪽의 바다에 알을 낳으면 될 텐데 사서 고생을 하는 것으로 비치기도 한다. 이들은 예전에 유럽과 아메리카 대륙의 지각판이 인접해 있을 때

오가던 습성을 대서양이 넓어진 현재까지 유지하고 있다고 한다. 유럽뱀장어가 대서양을 가로질러 플로리다 남동쪽 바다에 낳은 알은 1센티미터 정도가 될 때까지 거기에서 크다가, 3년에 걸쳐 슬슬 유럽 쪽 바다로 이동하여 4.5센티미터 정도가 되면 영국 인근 바다에 이른다. 이렇게 난바다에서 사는 동안 뱀장어는 얇고 투명한 나뭇잎 모양이지만, 강으로 올라갈 때쯤 새끼 뱀장어로 몸의 변태가 일어나고, 강에서 살다 보면 몸에 색소가 입혀진다. 몸길이 60~80센티미터가 될 때까지 자라는데, 드물게는 1미터가 넘는 뱀장어도 있다. 다 자란 유럽뱀장어는 알을 낳으려고 바다로 긴 여행을 떠난다.

유럽뱀장어가 대서양을 가로질러 자신이 태어난 사르가소 바다를 찾아가는 것과 줄기러기가 봄마다 에베레스트 너머에 있는 고산 호수를 찾아가는 것은 같은 이치다. 아무리 멀고 세월이 흘러도 이들에게는 찾아가야 할 곳이 있고 해야 할 일이 있는 것이다. 이들에게 목표를 향한 열정은 어느덧 불변의 생존 가치로 자리 잡은 듯하다. 꿈이 있고 목표가 있으면 어떤 장애물이 가로막든 열정을 지피는 것이다.

낮은 고도로 우회하지 않는다

 동물의 생식 본능은 집요하다. 아무리 큰 위험에 노출될지라도 자신이 원하는 번식지로 가려는 본능은 사그라들지 않는다. 줄기러기는 해마다 두 차례 이동한다. 가을 이주가 겨울의 먹이 부족을 해결하기 위한 것이라면, 봄 이주는 새끼를 치기 위한 것이다.

 이들은 자연의 경보를 대뜸 알아차린다. 이 자연의 변화가 이주 준비와 이동에 방아쇠가 된다. 줄기러기가 알아차리는 경보는 환경신호다. 인도에 여름 몬순이 덮치기 전인 봄철과 티베트에 겨울 폭풍이 닥치기 전인 가을철의 환경 변화를 몸으로 인식하는 것이다.

 환경 신호를 접수하면 무리는 이주 준비에 혈안이 된다. 행여 채비가 미흡할세라, 시기를 놓칠세라, 팽팽한 긴장감 속에서 완벽을 기한다. 아울러 마음을 굳건히 한다. 이주하는 동안 마주쳐야 할 환경이 워낙 혹독해서 적당히 요령만 터득해서는 어림도 없다. 은근슬

쩍 곁다리 끼는 것은 아예 통하지 않는다.

줄기러기에게는 에베레스트를 훌쩍 넘어갈 실천 전략이 있다. 에너지 소모를 아끼고 이동 시간을 줄이는 것이 초점이다. 낮은 고도로 우회하지 않는 것도 이들의 이동 전략에 속한다. 낮은 고도로 우회한다고 해서 위험이 따르지 않는 것은 아니다. 어차피 크고 작은 위험에 노출될 바에야 정면으로 겨루는 쪽이 목표 도달에 더 수월하다고 판단한 것일지도 모른다.

높은 고도에 오르면 이점이 있다. 빠른 순풍을 탈 수 있는 것이다. 인도와 티베트 사이의 낮은 고도를 경유해도 몇 마일만 더 돌아가면 된다. 그럼에도 줄기러기는 그 길을 택하지 않고 높이 솟구쳐 급격한 환경 변화의 소용돌이와 정면으로 맞닥뜨린다. 줄기러기의 효율성 전략은 일단 주어진 환경을 최대한 이용하는 것이다. 최단 경로는 최단 기간에 최소 비용으로 목표를 이루기 위한 전략이다.

에너지 낭비를 줄이려는 것은 이해할 수 있는데, 그다지 할 일도 없어 보이는 줄기러기가 왜 그렇게 시간 싸움을 벌이는지 궁금하다. 시간이 지체되면 승자가 바뀌는, 속도를 중시하는 사회 환경 속에 있는 것도 아닌데 말이다. 하지만 줄기러기가 벗어나려고 하는 환경을 곱씹어 보면 고통스런 경험도 했을 법하다. 여름에는 인도에 쏟아지는 비 때문에 옴짝달싹하지 못하거나 심지어 비에 떠밀려 간 적이 있었을지도 모른다. 티베트의 겨울바람 속에서 먹이도 없이 얼어 죽을 뻔한 적이 있었을지도 모른다.

＿ 히말라야를 넘어야 하는 까닭

인도의 여름 계절풍은 엄청난 비를 끌고 온다. 먼저 햇볕에 달구어진 대륙에서 데워진 공기가 상승해 저기압이 형성된다. 그러면 고기압이 발달한 대양에서 수분을 잔뜩 머금은 바닷바람이 그 기압차를 이용해 불고, 그것이 거대한 히말라야 산맥에 막히면서 이윽고 장대비를 뿌려 댄다. 인도에서는 계절풍 기후 몬순의 영향으로 7월 한 달 동안 내리는 비가 2미터에 이르는가 하면, 한 달 강수량이 9미터를 기록한 지역도 있다. 그야말로 빗물이 억수로 쏟아진다. 만약 미처 이주하지 못한 줄기러기가 거기에 남아 있다면 아주 끔찍한 경험을 할 수밖에 없을 것이다.

이와 달리, 티베트에 겨울이 오면 대륙이 냉각되어 차갑고 무거운 공기가 쌓인다. 이렇게 발달한 고기압으로 살을 에는 바람이 맹렬히 불어 댄다. 줄기러기는 여름이고 겨울이고 어느 한 자리에 눌러 붙을 신세가 본디 아닌 것이다.

줄기러기는 드라마 같은 삶을 산다. 그럴싸하게 들릴지 모르나, 줄기러기의 삶은 도대체 순탄하지가 못하다는 뜻이다. 팔자가 워낙 드세다고 해야 하나. 이들의 삶은 어찌 보면 날씨가 지배한다. 이동할 때 줄기러기는 맑은 날을 택해 하늘로 치솟아 오른다. 눈앞에 보이는 것은 파란 하늘뿐이다. 과거에 묶이고 미래가 두려워서 현재를 대충 넘기는 일은 줄기러기에게 없다.

매우 높은 하늘을 거뜬히 나는 철새가 줄기러기 한 가지만 있는 것은 물론 아니다. 높이 나는 새는 급격한 환경 변화와 단호히 맞선다. 아이슬란드와 유럽 사이의 대서양 위를 건너는 큰고니 무리가 8천 미터가 넘는 상공에서 발견된 적이 있는가 하면, 에베레스트의 8천 미터 고도에서 관찰된 노란부리까마귀도 있다. 이들은 모두 제트 기류를 이용해 높은 곳까지 날아오른 것이다. 멀리, 높이 나는 새는 이처럼 대류권 상층부에서 부는 제트 기류를 타고 빠르게 이동한다. 제트 기류는 1500미터 고도에서도 발견된다. 그러나 새가 이용하는 제트 기류는 대개 6천 미터 이상의 고도에서 생기는 빠른 바람의 흐름이다. 앞에서 불어오는 강한 바람은 철새 무리를 지치게도 하지만 뒤에서 부는 순풍을 타면 아주 적은 에너지로 놀라울 정도로 멀리 날 수 있다.

제트 기류는 흔히 길이가 수천 킬로미터에 이르고, 수평 폭이 수백 킬로미터, 수직 두께가 몇 킬로미터나 된다. 이 바람은 시속 90킬로미터 이상으로 움직이는데, 때로는 시속 400킬로미터가 넘어서 폭풍우를 동반할 뿐 아니라 그 영향으로 지면 근처에서 고기압과 저기압의 위치가 결정되기도 한다.

새들은 저마다 비행 전략이 있다

줄기러기는 아주 높은 고도를 때맞추어 비행하는 철새로 알려져 있다. 서아프리카 코트디부아르의 11킬로미터 상공에서 비행기의 제트 엔진에 빨려 들어간 독수리 한 마리가 있긴 하지만 이 독수리는 제트 기류에 휩쓸려 비정상 비행 고도까지 얼떨결에 올라간 경우다. 그래서 히말라야 산맥을 넘어가는 줄기러기의 의지와는 비교하기가 어렵다.

철새의 95퍼센트는 3천 미터 이내의 고도에서 이동한다. 그중에서도 새가 가장 많이 택하는 고도는 900미터 정도인 것으로 알려져 있다. 제비, 할미새, 찌르레기, 까마귀 같은 참새목 새는 150미터에서 600미터 사이의 고도를 따르고, 물새는 흔히 60미터에서 1200미터 사이에서 난다. 이동 고도가 들쭉날쭉해 보이지만 철새마다 자신에게 알맞은 고도가 있다. 지형에 따라, 기상 상태에 따라, 계절에 따라서도 비행 고도가 달라진다. 비행시간 또한 고도에 영향을 미친다. 낮에는 1천 미터 고도로 이동하던 새가 밤에는 570미터 높이로 이동하는 것이 관찰된 적이 있다. 이처럼 하루 중 어느 시간대냐에 따라 비행 고도가 달라질 수 있다. 여러 요소에 따라 비행 고도는 달라져도 위험 정도와 피로를 줄이며 기착지까지 가려는 목표는 같다.

흔히 매는 지표가 가열되어 생기는 상승 기류를 타고 하늘로 솟아오른다. 많은 철새들도 바람의 흐름을 이용한다. 상승 기류가 있는 맑은 날은 하늘 높이 올라서 이주하는 새에게 적합한 때다. 또 철새 무리가 장거리 이동을 할 때에는 수평으로 부는 바람을 이용해서 에너지 낭비를 줄이기도 한다. 미국황금물떼새는 순풍을 타고 3800킬로미터가 넘는 바닷길을 48시간 동안 한 번도 쉬지 않고 날기도 한다. 고니 같은 기러기목의 새는 8천 미터 정도의 고도에서 제트 기류를 타고 시속 150킬로미터쯤으로 나는 것으로 알려져 있다.

새는 종류에 따라 저마다 비행 전략이 있다. 새가 어떻게 저희 나름의 이동 방법을 찾게 되었는지는 여러 경험과 맞물려 있을 것이다. 변화하는 환경 속에서 살아남기 위해 생물은 진화한다. 새 또한 저마다 의미 있는 진화를 거치며 저비용으로 이익을 극대화하는 방안을 찾았을 것이다. 허우적대며 끌려 다니기보다 스스로 삶을 이끌어야 어떤 종이든 오래도록 살아남을 수 있다. 수동형에서 능동형으로 진화하는 것은 생존을 위한 선택이다.

시련을 이겨 낼 힘을 키우다 보면 희망이 차곡차곡 쌓인다. 줄기러기 또한 이런 연유로 성공의 열매를 맛보며 산다고 볼 수 있다. 눈여겨보면 주변에도 뛰어난 역량으로 좋은 영향을 미치며 자신 있게 살아가는 사람이 있다. 그들은 세상을 보는 시야도 넓지만 평범하고 작은 것에서 소중한 가치를 읽어 내는 능력도 뛰어나다. 산이 높으면 골도 깊은 법이다. 성공한 사람은 고난을 뚫고 여기까지 온 경우가 많다. 또 한 가지 확실한 것은 그들이 모두 줄기러기처럼 열정적이란 점이다.

에베레스트를 넘는 3가지 비법

생태계에는 군집에 영향력이 큰 우세종이 있다. 이들은 특정 지역을 대표하는 생물상으로 자리매김이 되기도 한다. 특히 웬만해서는 엄두도 못 내는 혹독한 환경에서 적극 도전하다 보면 어느새 추진 역량이 커지고 대표 생물로 우뚝 올라선다.

줄기러기는 저보다 작은 생물이면 부서질 만큼 센 바람과 혹독한 기후를 이용한다. 혹독한 조건은 역으로 이용하면 강력한 힘이 될 수도 있다. 줄기러기는 강한 바람을 타고 날갯짓 없이 활공하면서 꽤 먼 거리를 이동한다. 이런 담대함과 비행 실력 덕분에 인도의 저지대에서 에베레스트를 넘어 티베트 고원의 목적지까지 1600킬로미터가 넘는 거리를 하루 만에 이동한다.

줄기러기의 음전한 외모 속에 숨겨진 힘이 놀랍다. 줄기러기를 보면 매섭고 드센 외모로 무장하는 것만이 생태계의 강자로 올라서는 길은 아니라는 것이 드러난다. 줄기러기의 우아하고 고운 자태를 보노라면 이들이 극한 환경에 도전하는 모험심은 무모함에서 나온 것이 아니라 지혜에서 비롯한 것임을 느끼게 된다. 줄기러기는 하얀 머리 뒤쪽에 두 개의 검은 선이 수평으로 나 있어서 다른 새들과 쉽게 구분할 수 있다. 긴 목은 S자형 윤곽을 만들어서 부드럽게 느껴진다.

줄기러기는 자신의 능력에 한계를 두지 않았다. 역량은 얼마든지 키울 수 있는 것이다. 줄기러기가 에베레스트 상공으로 솟아오르는 자신감의 토대는 무엇보다 체온 관리에 있다. 푹신푹신하고 두툼한 줄기러기의 깃털은 보온 효과가 뛰어나다. 게다가 줄기러기는 강력하고 끊임없는 관절 운동으로 열을 발생시킨다. 이 열로 체온을 유지하며 날개에 얼음이 끼는 것을 막는다.

기러기는 다리의 동맥과 정맥이 매우 가깝다. 그래서 추위 속에서도 열을 빼앗기지 않는 데 큰 도움이 된다. 심장을 통해 나온 동맥의 따스한 열이 외부에 빼앗기기 전에 바로 정맥의 피에 전달되어 체온을 잃지 않고 찬물에서 헤엄치는 것이 가능하다. 얼음판 위에서 오랫동안 서 있을 수 있는 것도 그래서다. 펭귄의 발 또한 이처럼 동맥 주위를 정맥이 둘러싸고 있어서 빙하 위에서도 열을 빼앗기지 않는다. 이는 추운 곳에서 사는 몇몇 새에게서 볼 수 있는 특수한 체온 보호 방법이다.

__혹한과 바람, 산소 부족의 극복

바람을 극복하거나 이용하는 능력은 줄기러기가 그다음으로 내세울 만한 것이다. 줄기러기는 몸집에 비해 날개가 좀 큰 편이다. 특히 몸무게에 비하면 균형이 어긋날 만큼 표면적이 크다. 날개 끝은 바람의 저항을 줄이기 위해 뾰족하게 생겼다. 줄기러기는 순전히 제 힘으로 한 시간에 80킬로미터 넘게 날 수 있다. 때로는 바람이 옆에서 불어도 앞으로 나아간다. 꽁지 쪽에서 순풍을 받으면 한 시간에 160킬로미터를 헤쳐 나갈 수 있다. 고도가 높은 에베레스트 상공에는 시속 320킬로미터가 넘는 바람이 몰아치기 때문에 운이 좋으면 이를 이용해 쉽게 이동할 수 있다. 암수의 크기가 비슷해서 암컷이 힘에 부쳐 못 따라가는 일은 없다.

줄기러기가 세 번째로 내세울 수 있는 것은 높은 상공에서 마주치는 산소 부족 문제를 해결하는 능력이다. 그토록 높은 곳에서 어떻게 체내의 각 세포에 산소를 원활히 공급할 수 있느냐 하는 것이다. 산소 공급 능력은 동물의 생사가 달린 문제이기 때문이다.

대개 줄기러기의 폐가 매우 클 것이라고 짐작하겠지만, 그렇지 않다. 줄기러기의 폐는 여느 새들과 별반 다르지 않다. 폐 벽이 부풀어 형성된 얇은 막의 공기주머니가 내장과 근육 사이에 들어 있는데, 그것이 줄기러기의 폐에 딸린 기낭이다. 기낭은 끝이 뼈끝까지 가지치기 형태로 넓혀져 있어서 몸을 가볍게 하는 한편, 날갯짓을 하면서

오랜 시간 온몸에 산소를 공급할 수 있다. 다시 말해 기낭은 흡입한 공기를 일시적으로 저장하는 몇 개의 주머니로, 폐에서 나온 숨을 내뿜기 전에 다시 폐로 돌려보내는 새 특유의 호흡기다. 그래서 흡입한 공기에서 산소를 얻을 수 있는 기회가 땅 표면에서 사는 포유동물보다 배로 많다.

특히 줄기러기의 헤모글로빈은 산소와 결합력이 높다. 그래서 높은 하늘에서 희박한 공기를 흡수하고도 거기에서 여느 새들보다 더 많은 산소를 얻을 수 있다. 혈액에 찬 산소는 모세혈관을 통해 근육 깊숙한 곳까지 스며든다. 여느 철새에 비해 호흡계나 혈관계에서 산소와 결합하고 이를 추출하는 효율이 높은 것이다. 줄기러기는 이렇게 높은 고도에서 마주하는 산소 부족 문제를 해결한다. 일단 산소가 채워지면 날개를 오랫동안 펄럭일 수 있다. 다른 많은 철새는 줄기러기에 비해 호흡계나 혈관계의 산소 이용 효율이 떨어지므로 지면 가까운 높이에서 난다. 높은 하늘을 나는 새는 뇌로 가는 혈류량을 줄이지 않고 긴 시간 동안 날 수 있어서 물리적으로 큰 부담이 될 때에도 분별력을 잃지 않는다. 사람 같은 포유동물은 오랜 시간 헐떡이면 뇌로 가는 혈액이 감소해 판단력이 흐려지면서 위험에 제대로 대처하지 못할 수 있다.

줄기러기의 대담성은 바람의 힘을 자신의 힘으로 끌어오는 대목에서 돋보인다. 실력을 탄탄히 쌓으면 마음 또한 커지는 법이다. 무엇이든 열정과 실천에 앞서 제대로 된 판단과 치밀한 준비가 우선이다. 줄기러기가 지름길을 택한다고 해서 지름길이 돌아가는 길보다 늘 좋은 것은 아니다. 치밀하게 준비해 우회하는 것이 실패를 줄이는 방법이 될 때도 적지 않다.

리더의 지혜가 무리를 살린다

철새의 이동은 위험을 감수하는 행동이다. 해마다 숱한 철새가 포식자에 먹히거나 다른 이유 때문에 이동하다가 죽는다. 폭풍우는 하늘을 나는 새들을 위험에 빠뜨리기 일쑤고, 높은 빌딩과 송전탑 그리고 등대 따위는 여러 종류의 철새들을 죽음에 이르게 만드는 원인이다.

줄기러기처럼 높고 험난한 하늘 길을 택해 이동하는 철새는 환경의 변화를 정확히 판단하고 거기에 대응해야 하며, 리더와 구성원들의 협력이 반드시 뒷받침되어야 한다. 리더의 판단력은 험한 환경에 놓일수록 더 중요하다. 리더가 결정한 이륙 시기와 비행 방향과 속도가 무리 전체의 운명을 가르기도 하는 것이다. 줄기러기 무리의 리더는 대개 경험이 풍부하고 판단력이 뛰어나다. 히말라야에 상존하는 어려움뿐 아니라 고산 기후의 불안정성까지 예측하고 대비해야 한다. 리더에게는 책임이 따른다. 그런 만큼 무리의 리더는 강하고 노련한 새가 맡는다.

　조직의 리더가 큰 안목으로 총체적인 판단을 하며 문제점을 분석하고 보완하는 능력을 갖추기 위해 끊임없이 노력할 뿐 아니라 구성원들의 협력이 따른다면 그 조직의 성공은 거의 보장된 셈이라고 볼 수 있다. 거시적 통찰력과 미시적 분석력은 각 개체의 성공에도 밑바탕이 된다.

　철새의 이주 준비는 태양의 고도에 따른 낮의 길이 변화나 기후 변화에 따라 이루어진다. 리더는 생물학적 경보를 예민하게 알아차린다. 봄이 되면 이주를 위한 준비 작업으로 몸만들기가 시작된다. 그래서 많이 먹어 빠른 속도로 몸무게를 불리며 장거리 여행을 위한 에너지를 체지방으로 갈무리한다. 흔히 새들은 밤 동안 이주를 하는 경향이 있어서 이주할 때가 다가오면 밤에 좀 더 많이 활동하게 된다.

　이주할 때 새들은 빛과 온도에 반응하며, 기후나 지형의 영향을 받는다. 온도 변화에 따라 이주 시기가 일러지기도 하고 늦춰지기도 한다. 봄이 일찍 온다든지 계절의 변화가 빨라지면 이주 시기도 앞당겨진다.

　철새들은 겨울이 다가오면 두려움을 느끼고 움직임이 바빠진다. 혹독한 추위와 먹이 부족에 처하기 전에 선조들이 그랬듯이 이주를 시작한다. 줄기러기는 봄이 되어 낮 길이가 길어지고 따스해지면 북쪽의 번식지로 이주한다. 또 9월이 되어 바람이 강해지고 기온이 떨어지면서 얼음이 얼고 먹이가 부족해지면 남쪽으로 떠날 채비를 한다.

　기러기는 오리보다 적은 수의 알을 낳고 어미 아비가 모두 둥지와 새끼들을 보살피기 때문에 생존율이 높다. 기러기는 30년 정도까지 사는 것으로 알려져 있다. 새끼 기러기는 알에서 깨자마자 어미 아비의 보살핌을 받는다.

＿ 부모 줄기러기의 극진한 보살핌

봄에 번식지로 떠나기 전에 기러기 암컷은 열심히 먹이 활동을 해서 몸에 양분을 저장한다. 장거리 비행에 따른 에너지 비축을 위한 것이기도 하고, 번식지에 도착한 뒤 고산 스텝_{짧은 돌이 자라는 초원}에 식물이 미처 자라지 못해 먹이가 부족할 때와 알 품기를 대비하는 것이기도 하다.

　새끼치기에 대한 열망으로 번식지에 도착한 기러기 쌍들은 곧바로 둥지 지을 자리를 찾는다. 물새가 대개 그러듯이 물에서 가까운 땅 위에 풀과 잔가지로 사발 모양의 둥지를 만들고 암컷이 가슴의 깃털을 뽑아 바닥에 채운다. 둥지를 만들고 나면 바로 짝짓기에 들어간다. 그 뒤 3~7개의 알을 낳으면, 암컷 혼자서 4주쯤 알을 품는다. 이때 수컷은 주변을 지킨다.

수컷의 정성은 암컷 못지않다. 이렇게 열심히 보살피는 부모를 두기란 생태계에서 쉬운 일이 아니다. 알을 품는 기간에 암컷이 잠깐씩 자리를 비우면 수컷이 둥지를 지킨다. 여우 같은 포식자가 나타나면 수컷은 먼저 포식자의 주의를 둥지에서 멀리 떨어진 곳으로 돌리려고 애쓴다. 날개를 펴고 큰소리로 위협하면 여우는 둥지 공격을 포기하기도 한다. 그러나 때로는 여우가 새끼 기러기를 죽이기도 한다.

아무리 둥지의 알과 새끼를 부모가 극진히 보살펴도 시속 320킬로미터로 급강하하는 매의 공격을 당할 재간은 없다. 줄기러기의 포식자로는 이 밖에 갈까마귀, 까마귀, 솔개 등이 있다. 이렇게 공중 포식자와 육상 포식자가 있음에도 줄기러기의 개체수는 늘어나는 추세다. 새끼 기러기가 첫 해를 무사히 넘기면 그다음 해부터는 살아남을 확률이 한결 높아진다.

알에서 갓 깬 기러기 새끼는 갈색 솜털로 덮여 있는데, 태어나자마자 볼 수 있고 걸을 수 있으며 잠깐 헤엄도 칠 수 있다. 몇 시간이 지나면 암컷은 새끼들을 이끌고 물로 간다. 알에서 깬 새끼 기러기의 깃털이 자라나서 몸을 다 덮을 때까지는 7주 정도가 걸린다. 이때부터는 날 수 있고 혼자 활동하는 것도 가능하다. 어린 기러기가 어른 몸집의 반 정도 크기로 자라면, 어른 기러기는 깃털이 빠지면서 털갈이를 시작한다. 해마다 이렇게 털갈이를 하는 짧은 기간에는 어른 기러기가 깃털을 제대로 갖추지 못해서 날 수가 없다. 그러므로 어른 기러기가 털갈이를 하는 동안, 새끼들은 방어를 위해 모여서 무리를 형성한다. 이렇게 비슷한 시기에 함께 위험을 겪고 극복하는 공통된 경험은 무리 사이의 유대 강화에 도움이 된다. 이윽고 어른 기러기가 털갈이를 마치면, 어린 기러기도 깃털이 다 자라서 함께 훨훨 날 수 있다.

기러기는 풀과 수초를 비롯한 갖가지 식물이 주된 먹이지만, 계절에 따라 먹이에 차이가 있다. 그 까닭은 주변에서 구할 수 있는 먹이가 다르기 때문이다. 기러기는 잎이나 싹, 풀, 줄기, 꽃, 뿌리, 씨, 열매를 먹는다. 그런가 하면 늪에 있는 수중식물의 싹과 뿌리를 먹고, 들판에서 곡식 낟알을 먹는다. 물에서 사는 새우나 가재를 먹기도 하고 때로는 곤충을 먹기도 하지만, 주된 먹이는 아니다. 겨울에 머무는 인도의 경작지에서는 곡식 낟알이 주된 먹이다.

기러기 종류는 세계 곳곳에서 경작지가 넓어지고 곡물이 많아지면서 겨울 서식지에 머무는 동안 질 좋은 먹이를 한결 손쉽게 먹을 수 있게 되었다. 이에 따라 일부 기러기는 이동 거리가 단축되고 에너지 소모가 줄어들어 생존율과 번식력이 높아졌다.

__ 줄기러기 가족의 끈끈한 유대

줄기러기는 사회성 동물이고 온순하다. 그래서 다른 새들과도 잘 지낸다. 이동을 위해서는 높은 밀도로 모이지만 둥지는 적당히 거리를 두고 서로 흩어져 있다. 둥지에서 지내는 동안에는 텃세권이 확실해져서 다른 기러기들이 주변에서 어슬렁거리면 소음을 내고 위협 자세를 취하며 쫓아낸다. 대개 신체 접촉까지 가지 않고 세력권을 찾아 안정된다.

떠날 채비를 시작할 무렵이면 그해에 알에서 깬 기러기의 반 정도가 죽는다. 살아남은 어린 기러기는 깨어난 지 몇 달 만에 부모와 함께 장거리 이동에 나선다. 기러기는 가족끼리의 유대 관계가 아주 끈끈하다. 두 살이나 세 살이 되면 짝을 짓는데, 한번 짝이 되면 죽을 때까지 바꾸지 않는다. 다만, 배우자가 죽으면 다른 짝을 만나기도 한다.

기러기는 수십 개의 가족 단위가 모여 함께 이동한다. 이렇게 형성된 연결고리는 평생을 간다. 기러기는 동틀 녘이나 저물녘의 어슴푸레한 빛을 이용해 활동하거나 야행성을 띤다. 기러기는 하늘에 오르기 전 땅에서부터 V 자 대형을 이룬 뒤 차례대로 날아오른다. 이주할 때에는 기러기 종류에 따라 몇 십 마리에서 몇 백 마리가 무리를 이룬다. 이들의 비행 광경은 마구잡이로 날아가는 까마귀 떼와 달리 아주 질서정연하다. 기러기 무리는 울음소리를 합창하며 날아가는데, 사이사이에 부모와 새끼들이 여러 소리를 더하며 의사소통을 한다.

기러기는 다 자라면 몸무게가 1.5~2킬로그램, 키가 60센티미터쯤 된다. 무리의 리더는 그 가운데 몸집이 크고 나이가 든 기러기일 때가 많다. 리더는 이동할 때 대열의 맨 앞에서 비행 방향과 속도를 조절한다. 먼 거리를 갈 때에는 몇 마리가 번갈아 가며 리더 역할을 한다. 이들은 위험이 따르는 이동에는 아무 때고 소리를 내면서 무리에게 주의를 준다. 만약 앞에서 강한 바람이 불면 리더는 이륙 시기를 좀 더 기다린다. 이미 무리지어 날아가는 상황에서 역풍을 맞게 되면 무리를 이끌고 땅에 내리거나 비행 고도를 바꾸기도 한다. 무리는 순풍이 불 때 리더를 따라 날아오르다가, 앞쪽에서 부는 바람을 맞으면 산등성이 아래쪽의 천천히 부는 바람을 따라 날고, 다시 뒤에서 바람이 불면 높이 올라서 빠른 바람을 이용한다. 기러기 무리의 운명은 리더의 역량과 판단력에 많은 부분을 의존한다.

먼 거리를 날아갈 때 기러기는 낮과 밤을 가리지 않고, 기후 조건 등 자연 환경을 최대한 활용한다. 흔히 기러기 무리는 대대로 다니던 길을 찾아다니고, 잘 아는 먹이와 쉼터를 택한다. 이렇듯 부모로부터 배운 경로나 경유지를 다시 제 새끼에게 가르쳐 장거리 이동과 관련한 기본 정보가 대대로 전승되는 것이다.

새는 종류에 따라 항행 기술이 다를 때가 많다. 철새의 이주 습관 또한 종류에 따라 달리 진화해 왔다. 그러므로 철새가 저마다 어떻게 이주하는지 확실하게 알 수는 없다. 항행 경로 설정을 살펴보면 철새의 대부분은 예전부터 저희가 다니던 하늘 길을 따라 오간다.

먼 길을 다닐 때 새가 어떻게 방향을 잡는지에 관해서는 더러 알려진 바가 있다. 철새는 별과 해, 지자기, 지형, 냄새, 바람과 기압의 변화 등을 참고해 이동한다. 대개 이 가운데 몇 가지를 조합해서 이주 지표로 삼는 것으로 여겨진다. 이럴 때는 특히 리더의 경험이 큰 몫을 한다. 줄기러기는 에베레스트 봉우리를 랜드마크로 삼고 바람의 변화 등을 참고해 비행 방향을 결정하는 것으로 보인다.

중국의 옛 병법가 오자(吳子)는 리더의 자질에 관해 말한 바 있다. 그에 따르면 훌륭한 리더는 결단할 때 필요한 용(勇), 상대의 형편을 배려하는 인(仁), 그 나름으로 위엄을 갖추는 위(威)에 덧붙여 관용 정신인 덕(德)까지 갖추어야 한다. 줄기러기 무리의 리더는 이런 덕목을 두루 갖추고 있는 것 같다.

극한을 날며 노래를 부른다

앞서 살펴봤듯이 어린 기러기는 알에서 깬 지 몇 달 만에 부모와 함께 이주한다. 줄기러기 새끼는 한 해 내내 어미 아비와 더불어 지낸다. 어리지만 하늘 높이 치솟아 매서운 바람 속에서 먼 거리를 날아야 한다. 혼자서는 엄두를 낼 수 없을 만큼 아찔하고 가슴이 울렁거리는 일이다. 그러나 곁에 가족이 있기에 두려움을 떨치고 함께 비행에 나선다. 어린 기러기들은 날아가면서 또래끼리 쉴 새 없이 종알대며 서로 힘을 북돋는다.

낮은 콧소리로 내는 기러기의 울음소리는 거의 음악 수준이다. 이 소리는 서로 마음을 안정시키는 데 도움이 되며 유대 강화에도 한 몫을 한다. 말이 많다 보면 실수가 따를 수 있지만, 칭찬과 격려의 말은 많을수록 좋다는 것은 기러기를 보면 알 수 있다. 기러기끼리 소리를 주고받으며 서로 격려하는 것은 마치 운동 경기 때 구호를 외치거나 응원을 하며 힘을 북돋는 것과 같다. 하늘을 수놓으며 미끄러지듯 날아가는 기러기 무리는 끊임없이 울음소리를 낸다. 이렇게 기러기 무리는 비행 중에 남다른 결속력을 보인다. 기러기의 울음소리는 서로 자신의 위치를 알려서 공중 충돌을 막는 데에도 도움이 된다.

    무리의 리더 구실을 하는 몇몇 기러기는 비행 내내 의견을 주고받는다. 그럼으로써 만약의 사태에 대비하고 무리의 비행에 활력을 불어넣는다. 서로 연결된 채 자극하고 책임을 진다. 줄기러기는 저마다 역량을 키우는 한편 이렇듯 무리가 어울리며 시너지 효과를 창출한다. 좋은 부모가 되려면 자녀와 함께 여행을 자주 가라는 말이 있다. 줄기러기는 한 해에 두 차례 모험 여행을 하며 끈끈한 가족애를 키운다. 기러기 무리의 그 체험 교육 코스에는 칭찬과 격려도 빠지지 않는다. 무리는 병들거나 다쳤거나 힘이 모자란 기러기를 배려할 줄 안다. 힘이 떨어진 새는 비행 속도를 따라잡지 못하고 처질 때가 있는데, 이때 기러기 무리는 이런 새를 혼자 날게 하지 않는다. 적어도 두 마리의 다른 새가 지친 새 곁에서 함께 난다. 이렇게 보살펴서 지친 새가 기운을 차리면 다시 무리에 섞여 함께 날아간다.

여럿이 날 때 훨씬 멀리 난다

기러기 무리는 날아갈 때 흔히 V 자를 형성한다. 이렇게 하면 바람의 저항력이 줄어서 무리 비행을 수월하게 만든다. 맨 앞에서 나는 리더를 지난 공기의 흐름이 뒤따르는 기러기들에게 도움을 주기 때문이다. 이렇듯 기러기는 무리로 이동할 때 에너지 낭비를 최소화한다. 기러기가 V 자형의 편대로 비스듬히 날아가는 또 다른 이유는 방향을 바꾸거나 속도를 조절할 때 무리의 구성원들에게 빠르고 효율적으로 의사 전달을 할 수 있어서다.

무리 비행의 장점은 여러 가지다. 무엇보다 단독 비행할 때보다 에너지를 절약할 수 있어서 훨씬 멀리 갈 수 있다. 무리 앞에서 공기를 맞는 새의 뒤쪽으로는 밀리는 기류가 생긴다. 이 때문에 일시적으로 압력이 낮아져서 밑에서부터 바람이 떠받쳐 주는 양력이 생긴다. 이 양력은 무리가 힘을 덜 들이고 비행할 수 있게 한다.

한편, 뒤에 있는 새들은 위아래로 하는 날갯짓으로 위쪽으로 향하는 틈새 바람을 만든다. 이 바람은 앞에서 날아가는 새를 밀어 줌으로써 무리가 앞으로 나아가는 추진력이 된다. 이런 식으로 밀고 당기는 관계가 이루어지면서 무리는 힘을 덜 들이고 날 수 있다. 그래서 혼자 날 때보다 훨씬 멀리 그리고 높게 날 수 있다.

맞바람을 헤쳐 나가는 리더는 힘든 일을 자진해 맡으며 투철한 희생정신으로 무리를 이끈다. 뒤에서 밀어 주는 효과가 있다고 해도 앞에서 날아가는 새는 더 많은 에너지를 쓸 수밖에 없다. 따라서 다른 새들보다 빨리 지치게 된다. 기러기 무리는 앞장선 리더가 지치는 것을 막기 위해 몇 마리가 번갈아 가며 리더르 나선다. 앞에서 날며 에너지를 많이 소모한 새는 뒤로 빠져서 한결 수월하게 날며 다시 힘을 비축한다. 그렇게 해서 충전이 되면 그 새는 다시 리더로 앞장선다. 기러기 무리는 이렇게 서로 희생하고 배려할 줄 안다.

조류 독감 매개자로 지목되기도

줄기러기는 겨울에 인도와 파키스탄, 미얀마 저지대의 늪지와 호수 주변의 경작지에서 지낸다. 여름에는 러시아의 남동부, 티베트, 중국 서부의 고산 호수에서 지내며 번식한다. 아주 춥고 바람이 세게 부는 날은 기러기가 잘 날지 않는다. 이런 날은 먹지 않고 에너지를 아끼며 날씨를 견딘다. 대개 새벽과 저녁에 많이 날고, 낮 동안은 습지 같은 쉼터에 머문다.

　기러기는 공원이나 골프장처럼 넓은 공간에 물과 먹이만 있으면 쉽게 적응한다. 그래서 도시 쪽에서도 기러기가 늘어나고 있다. 특히 줄기러기는 온순한 종류라서 어렵지 않게 가금으로 길들일 수 있다.

　그런데 기러기는 이따금 경작지의 곡물을 먹어 치워 농사에 해를 입히기도 한다. 근래에는 줄기러기가 유행성 조류 독감 바이러스를 전염시키는 매개자로 지목되고 있다. 동남아시아에서 닭, 오리, 거위 같은 가금에 바이러스를 감염시키는 생물 중 하나로 이주성 기러기, 특히 줄기러기를 꼽는 것이다. 조류 독감 바이러스를 매개하기도 하지만 자신 역시 병에 걸려 사망하는 줄기러기가 적지 않다. 일

례로 남아시아의 습지나 호숫가에서 발견된 야생 조류 사체 무리 중에는 뿔논병아리, 황오리, 갈매기 등과 함께 줄기러기가 섞여 있기도 했다. 전염력이 강한 조류 독감은 황새나 매의 사망 원인이 되기도 하고 드물게는 사람에게도 옮을 수 있다.

　산소가 희박한 높은 고도를 비행하는 줄기러기의 호흡 특성은 흥미로운 연구 대상이 되고 있다. 줄기러기의 헤모글로빈 구조 등에 대한 분자생물학적 차이점을 발견하고, 줄기러기 폐의 조직학적 특성을 파악하는 연구는 사람의 호흡기 연구에도 시사점을 제공해 줄 것이다.

　줄기러기는 자신이 서고 싶어도 남을 먼저 세우고, 남에게 먼저 기회를 주는 충忠을 실천한다. 자신이 바라는 것이 아니면 남에게도 하지 않는 서恕의 정신도 있다. 건강한 마음이 모이면 착한 사회가 만들어진다. 착한 사회에 살고 싶다면 저마다 건강한 마음을 길러야 할 듯하다.

3

낙타는 왜 사막으로 갔을까

대부분의 사막 동물은 몸집이 작다. 그런데 낙타는 예외다. 낙타는 몸이 커서 그늘 찾기가 어려울 뿐 아니라, 쥐나 뱀처럼 굴을 파서 땅속으로 들어가 낮 더위를 피할 수도 없다. 낙타가 대단해 보이는 것은 이 때문이다.

낙타는 기원전 4000년경부터 가축으로 길러졌다. 아주 오래된 가축 가운데 하나인 셈이다. 사람이 낙타를 길들인 시기는 만 년 전쯤부터라고 말하기도 한다. 사막이라는 극한 환경 속에서 대상隊商들이 짐을 싣고 다녔기에 낙타는 흔히 '사막의 배'로 불렸다. 낙타는 건조한 환경에서 가까스로 살아가는 인간에게 수천 년 이상 커다란 도움을 주었다. 낙타는 사람의 일손을 돕는 것은 물론 젖을 주었고 변까지 땔감으로 내어 주었다. 죽어서도 가죽과 살을 남겨 사람에게 도움이 되었다.

낙타에는 쌍봉낙타와 단봉낙타가 있다. 이들은 외모도 다르고 적응하는 환경도 차이가 있다. 아시아에서는 가축으로 이용하기 위해 잡종 낙타를 만들었다. 쌍봉낙타와 단봉낙타 사이에서 난 잡종 낙타는 하나의 혹 위에 여분의 혹이 길게 달려 있는데, 몸집이 크고 힘도 세다. 현재 야생 상태 그대로인 단봉낙타는 없다. 단봉낙타는 가축으로 많이 기르고 있어서 수가 줄어들 위험은 많지 않다. 그러나 야생의 쌍봉낙타는 멸종 위기종이다. 국제자연보호연합IUCN 은 쌍봉낙타를 2002년부터 위험 상태의 위기종으로 분류했다. 자이언트판다와 같은 수준이다. 야생의 쌍봉낙타는 개체군 같은 종으로 이루어진 집단 의 크기가 점차 줄어들고 있으며, 최소 위험 크기를 넘어섰다. 이미 사망률이 출생률을 초과하고 있는 것으로 조사되었다.

낙타의 엉뚱한 생존 전략

북아메리카 대륙에는 낙타가 살지 않는다. 하지만 낙타는 북아메리카에서 처음 살기 시작했다. 북아메리카에서 낙타가 왜 사라졌는지 아는 사람은 없다. 화석 자료에 따르면 대략 4500만 년 전 에오세에 지구에 나타난 낙타는 적어도 300만 년 전에서 200만 년 전까지 수천만 년 동안 북아메리카에서만 번성했다.

낙타의 이주는 알래스카와 시베리아 사이의 베링해협이 베링육교Bering land bridge로 연결되어 있던 약 180만 년 전, 빙하기가 시작될 무렵 시작되었다. 낙타는 알래스카를 거쳐 아시아 서쪽으로 이동했고, 일부는 아프리카에 도달한 것으로 드러났다. 북아메리카에서는 빙하기가 끝날 무렵인 만여 년 전에 낙타가 모조리 사라졌다.

아시아에 도달한 낙타는 차츰 두 종류로 분화한 것으로 보인다. 단봉낙타는 중동을 거쳐 아프리카에 정착했고, 아시아의 초원에 머문 낙타는 쌍봉낙타로 진화했다. 한편 북아메리카에서 살던 낙타 가운데 적은 수가 남쪽으로 이동하면서 낙타과에 속하는 알파카, 과나코, 라마, 비쿠냐 같은 네 종류가 남아메리카에서 분화해 살게 되었다. 특히 라마는 잉카 제국의 확장에 크게 도움이 된 힘센 가축으로 알려져 있다.

그런데 낙타는 왜 북아메리카 대륙을 떠나서 하필 살기 힘들고 척박한 사막을 택한 것일까. 북아메리카 대륙에서 살던 낙타는 프레리Prairie에서 굉음을 내며 무리지어 뛰노는 아메리카들소를 애써 외면하고 싶었을지도 모른다. 아니면 본격적인 빙하기 직전 베링육교를 통해 아시아에서 아메리카 대륙으로 들어온 마스토돈이 코끼리처럼 생긴 거대한 몸집으로 나대는 꼴이 더 성가시고 싫었을 수도 있다.

___ 낙타, 북아메리카를 떠나다

낙타가 이주를 결심하기 전, 신생대 제3기 말 선신세에 해당하는 300만 년 전은 아메리카 대륙의 생물들에게 중요한 변화가 일어난 때다. 이 무렵 카리브 해의 지각판이 이동하면서 북아메리카와 남아메리카 대륙이 파나마 쪽에서 육지로 연결되었다. 그래서 그 당시 아메리카 대륙에서는 동물뿐 아니라 식물 또한 새로운 서식지로 이동함으로써 서부 개척 시대를 연상케 한다.

남아메리카에서는 주머니쥐와 땅에서 사는 늘보 종류가 북아메리카로 이동했고, 북아메리카에서는 개와 고양이, 말, 아시아에서 들어온 마스토돈이 남아메리카로 이동했다. 북아메리카에서 살던 동물들은 거셌다. 특히 북아메리카 육식동물의 이동은 남아메리카에서 살던 동물들에게 큰 위협이 되었다. 남아메리카의 토착 포유동물은 이로 말미암아 거의 몰살로 내몰리는 신세가 되어 버렸다.

북아메리카에서 몸집 큰 유대류_{주머니가 있는 포유동물}가 경쟁에 밀려 몰락하는 것을 지켜보면서 낙타는 북아메리카 대륙을 멀찌감치 떠나겠다고 마음먹었는지도 모른다. 주전 경쟁에서 밀리면 몸집을 줄이든지 다른 생존 전략을 택할 도리밖에 없기 때문이다. 아무튼 낙타는 북아메리카 대륙을 미련 없이 떠났고 새로운 보금자리랍시고 머물게 된 곳이 웬만한 동물들이 거들떠도 안 보는 사막 언저리였다.

아프리카에서만 보더라도 다른 대형 초식동물은 먹이가 풍부한 사바나 초원에서 무리지어 사는데, 왜 낙타는 사바나를 벗어나서 구태여 사막으로 들어갔을까? 다른 동물과의 생존 경쟁에서 밀린 것일까? 낙타의 구구절절한 사연을 다 알 길은 없어도 짐작 가는 바가 있다.

지구에는 사막보다 더 살기 힘든 곳이 거의 없다. 그럼에도 낙타는 사막에서 산다. 사막에서 사는 데 따르는 어려움은 한두 가지가 아니다. 사막에서는 물만 모자라는 것이 아니라 먹이 구하기도 쉽지 않다. 달구듯 뜨겁다가도 밤이 되면 갑작스럽게 추워지는가 하면, 모래 폭풍이 몰아치기도 한다. 낙타는 몸집 큰 동물이 별 탈 없이 지낸다는 것 자체가 신기하게 여겨지는 곳에서 덤덤하게 산다. 무거운 짐까지 지고 뜨거운 날에도 장거리 여행을 한다. 이런 걸 보면 낙타의 생존 전략은 엉뚱하기 그지없다.

힘한 환경 속에서 고통을 이겨 내면 삶의 자세가 진중해진다. 낙타는 자신을 드러내려고 설치는 짓을 하지 않는다. 늘 심오하고 조신해 보인다. 어느 시인이 "영적인 삶을 사는 사람은 자신 속에 조용히 앉아 있어도 그의 영혼은 길가에 핀 들꽃처럼 눈부시다."라고 말했는데, 사막을 횡단하는 못생긴 낙타를 묘사한 것처럼 느껴진다. 아름답고 순수한 것은 처절한 고통 속에서 피어날 때가 많지 않은가.

＿ 낙타는 왜 사막으로 갔을까

낙타는 사막이나 초원의 건조 지역에서 산다. 건조 지역은 지구 육지의 3분의 1을 차지하고 있는데, 지구 온난화와 잘못된 관리로 인해 차츰 더 넓어지고 있는 상황이다. 건조 지역은 증발량이 강수량보다 많아 물 부족에 시달리는 곳이다. 그러므로 이런 곳에서 사는 생물은 적은 물을 최대한 이용하고 보존하는 능력이 뛰어나다.

건조 지역은 구름이 별로 없어서 낮에는 강한 햇볕이 내리쬐어 온도가 매우 높고, 밤에는 공기 중의 습기가 적어 삽시간에 추워진다. 구름은 대기 상태를 나타내는 거울이라고 할 수 있는데, 일시적

이고 복잡하긴 하지만 지표의 온도에 커다란 영향을 미친다. 구름은 햇볕을 막는 우산효과 umbrella effect 를 보일 때가 있는가 하면, 오히려 기온을 높이는 온실효과 greenhouse effect 를 가중시키기도 하면서 지표의 온도를 조절한다. 여름에 먹구름 덕에 기온이 낮아지거나 높은 습도 탓에 오히려 후덥지근해지기도 하고, 겨울에 구름이 지표면의 복사열을 가두어 따뜻해지는 것은 우리가 살면서 수시로 겪는 일이다.

낙타의 생존 전략은 우선 환경에 대한 내성을 넓히는 것이었다. 사막은 견뎌 내기만 하면 구태여 조급할 필요가 없는 곳이다. 잡아먹으려 달려드는 포식자가 많지 않고 먹이 경쟁도 심하게 벌어지지 않는 환경이기 때문이다.

낙타의 기후 적응력과 양분 저장 능력은 아주 빼어나다. 그러므로 낙타는 굳이 경쟁자들이 우글거리는 곳에 머물 필요가 없었다. 어쩌면 다른 동물들과 치열한 먹이 다툼이나 공간 경쟁을 벌이고, 적이 나타나면 달아나며 사는 것이 싫었을지도 모른다.

한낮의 무더위, 물과 먹이의 부족을 견뎌 내면 덤빌 동물이 거의 없다는 것이 낙타가 사막에 정착하게 된 큰 이유 같다. 초원에 있을 때에는 새끼가 표범에게 잡아먹히는 일이 생기곤 했지만, 사막까지 따라오지는 않으니까 포식자를 따돌리는 전략은 일단 먹혀든 것으로 볼 수 있다.

낙타는 다른 생물들과 경쟁을 하면서 함께 살 수 있게 자신의 특성을 세밀하게 분화하고 개발한 동물이 아니다. 경쟁을 피하는 대신에 어려운 환경에서 견딜 수 있도록 내성을 키우면서 외모가 바뀌고 생리적 적응력이 쌓인 동물이다. 그러다 보니 그 또한 특성화 전략이 되어 버렸다.

웬만한 것은 엄두도 내지 못하는 극한 환경 속에서 담담하게 살며 내성으로 승부를 거는 대표적인 생물로는 낙타 외에 북극곰과 선인장을 꼽을 수 있다. 이들은 모진 풍파를 맞으며 산전수전 다 겪어서 혹독한 환경을 견디는 힘이 강하다.

사막의 열기를 피하지 않는다

낙타는 위기를 맞으면 술수를 쓰지 않고 도전한다. 정공법으로 승부수를 던지는 것이다. 땡볕에 쉴 그늘도 없을 때 낙타는 오히려 얼굴을 햇볕 쪽으로 마주 향한다. 햇볕을 피하려 등을 돌리면 몸통의 넓은 부위가 뜨거워져 화끈거리지만 마주 보면 얼굴은 햇볕을 받더라도 몸통 부위에는 그늘이 만들어져서 어려움은 오히려 줄어들기 때문이다.

슬금슬금 눈치 보며 위기를 잠시 모면하는 얄팍한 수법은 결국 화근이 될 수밖에 없다. 정공법은 고지식해 보이지만 용기 있는 자만이 쓸 수 있는 방법이다. 역사는 용기 있는 자에 의해 진전되어 왔다. 교활한 술책이 성공의 비법인 양 편법이 횡행하는 사회에서는 의연함이 더욱 돋보이는 법이다. 모략에 능한 사람이 아무리 폄하하려 해도 의연함 속에는 당당한 힘이 깃들어 있다.

낙타의 의연함은 높이 살 만하다. 햇볕을 마주 보는 자세로 말미암아 몸통 밑부분에 그늘이 생기고, 이 빠듯한 그늘은 사막의 뜨거운 반사열을 그나마 줄여 준다. 공기 중에 수증기가 거의 없는 까닭에 사막에서는 땡볕과 그늘의 온도 차가 매우 크다. 그래서 그늘이 생기면 외부보다 낮은 온도의 공기가 낙타의 몸통 주변을 순환할 수 있다. 뜨거움을 마주해 얻어 낸 시원함이 통쾌하다.

낙타는 다리가 길다. 발끝으로 걷는 유제동물인 데다 여느 동물에 비해 발목에 해당하는 부위가 위쪽에 있고, 발목부터 무릎까지도 길다. 흔히 낙타의 발목을 무릎으로 착각한다. 한여름 낮에 바닥의 온도가 60~70도에 이르는 사막에서 살아남으려면 몸이 지면과 떨어져야 한다. 키가 클수록 몸과 뜨거운 지면 사이가 벌어지는 이점이 있다.

낙타는 소목에 속하는 동물이다. 낙타는 긴 다리 덕에 몸통이 있는 곳은 발바닥이 있는 모랫바닥보다 온도가 무려 10도나 낮다. 또 두꺼운 털 코트는 햇빛을 반사할 뿐 아니라 뜨거운 사막 모래에서 방출되는 열을 차단하는 단열재 구실을 한다.

낙타의 발에는 발가락이 두 개씩 있는데 발굽은 각 발가락 앞에서 발톱처럼 자란다. 그래서 낙타에게는 둘로 갈라진 발굽이 있다. 소나 말 같은 유제동물은 발가락 끝에 있는 발굽으로 걷지만, 낙타는 두 개의 기다란 발가락과 연결된 넓은 가죽 퍼드로 걷는다. 이런 걸음걸이는 코끼리와 거의 같다.

바닥에 돌멩이가 많은 곳에서 사는 쌍봉낙타의 발바닥은 딱딱

한 각질로 이루어져 있다. 쌍봉낙타의 발은 작고 단단한 편이다. 뜨거운 모랫바닥을 걸어 다니는 단봉낙타는 발이 큰 편이다. 단봉낙타의 발바닥은 넓고 편평해서 모래 속에 잘 빠지지 않는다. 이는 툰드라 동물들의 발바닥과 유사하다. 툰드라 동물의 발은 걸을 때 눈 속에 발이 빠지지 않도록 발바닥이 넓적하고 발 전체가 털로 수북이 덮여 있어서 눈 신발처럼 생겼다. 북극여우, 북극곰 같은 툰드라 동물은 털로 덮인 비교적 큰 발을 갖고 있고, 특히 눈덧신토끼 뒷발은 아주 널따래서 눈 위에서 뛰어다니기 좋다. 순록 발굽은 눈 신발처럼 넓적하다.

또 낙타의 발바닥에는 지방으로 된 쿠션이 있어서 걷거나 뛸 때에 거의 소리가 나지 않는다. 트럭이라면 바퀴가 빠져 움직이지 못할 부드러운 모랫바닥 위를 단봉낙타는 무거운 짐과 사람을 태우고도 사뿐히 걸을 수 있다.

온몸이 사막 환경에 최적화

낙타의 외모는 사막 환경에 잘 적응할 수 있게 만반의 태세를 갖추었다. 등에 있는 혹과 긴 다리도 그렇지만 두툼한 눈썹과 짙고 긴 속눈썹, 두툼한 입술과 여닫을 수 있는 코, 속에 털이 많은 작은 귀 등은 다른 동물에서는 찾아보기 힘든 외모다. 낙타의 외모에는 그만의 생존 비결이 배어 있다. 사막으로 파고드는, 무모해 보이기도 하는 그의 추진력에 외모의 변화는 힘을 더 실어 주었다.

낙타의 머리는 햇빛가리개 모자처럼 생겼다. 눈부신 햇빛이 직접 눈에 닿지 않도록 넓적한 뼈가 눈 둘레를 덮어 햇빛가리개 구실을 한다. 모래바람이 휘몰아쳐도 아랑곳하지 않는다. 마치 눈을 감은 것처럼 보이지만 얇은 눈꺼풀을 통해 모래 폭풍 속에서도 앞을 본다. 모래바람이 심할 때 낙타가 꺼내는 비책은 얇은 눈꺼풀을 내린 채 앞을 향해 걸어가는 것이다.

눈물샘에서 공급되는 눈물은 각막이 마르지 않도록 하고, 모래를 씻어 내는 효과도 있다. 이 눈물은 다시 코와 연결된 관을 통해 몸속으로 들어간다. 그래서 물 낭비는 없다. 커다란 눈 위의 머리 양옆에는 길고 짙은 속눈썹이 두 겹으로 나 있어서 모래바람을 막아 준다. 또 두꺼운 눈썹이 그늘을 만들어 사막의 햇빛을 막아 주는가 하면 얇은 눈꺼풀은 모래바람을 양옆으로 씻어 낸다. 무엇을 어떻게 하면 기사회생이 가능할지 낙타는 이미 분석과 적용까지 마친 상태다.

낙타 코에는 근육이 있다. 모래바람이 불면 코를 벌름거려 모래가 들어오기 전에 콧구멍을 닫을 수 있다. 뜨거운 햇볕과 거센 모래바람이 부는 고장에서 이슬람 여성이 쓰는 차도르는 그 나름으로 일리가 있는 차림새다. 남성이 머리에 두르는 터번도 마찬가지다. 그런 차림새를 하는 것은 종교적인 이유 때문만은 아니다. 낙타의 코 밑에는 구멍이 있어서 숨을 쉴 때 수분이 몸 밖으로 빠지기 전에 빨아들인다.

＿ 땀 한 방울도 낭비하지 않는다

낙타의 귓속은 털로 덮여 있다. 그래서 모래바람이 심할 때라도 모래가 귓속으로 들어오지 못하게 막을 수 있다. 게다가 귀 자체가 작아서 모래 먼지가 들어오기 어렵다. 잘 듣는 편이지만 당나귀처럼 집중력이 낮아 더러 맥락 없이 들려오는 소리는 놓치기도 한다. 그래서 한 번 났다가 사라지는 소리보다는 계속 나는 냄새를 더 잘 활용한다.

낙타는 한여름에 겹겹이 털옷을 껴입은 행색을 하고 있다. 땡볕 아래에서도 시원하게 지낼 수 있는 것은 이 털옷 덕분이다. 털 표면의 온도보다 털 밑의 피부 온도가 훨씬 낮다. 털이 단열재 구실을 하는 것이다. 몸에 땀샘이 별로 없어서 몸 안의 습기를 외부로 거의 내보내지 않으나, 매우 더운 날에는 낙타도 땀을 흘린다.

체온이 오르면 피부에 있는 땀샘에서 땀이 나온다. 땀은 피부로 흐르면서 몸의 열을 식힌다. 땀에는 염분이 함유되어 있는데, 땀에 다양한 전해질이 섞여 나오는 것이다. 낙타는 체온이 올라가면 농축된 땀을 조금 흘려서 물의 낭비를 최소한으로 줄인다. 또 두꺼운 털로 덮여 있어서 얇은 털의 동물보다 수분 증발이 훨씬 적다. 털은 외부의 건조하고 뜨거운 환경을 차단하는 구실을 하고 수분이 증발하는 것을 막는다. 낙타의 털을 깎아 버리면 땀으로 증발되는 수분이 50퍼센트 이상 늘어난다. 두꺼운 털 덕택에 땀샘에서 나온 땀은 피

부와 털 사이의 공간에 갇혀 있다가 결국 털 바깥의 건조한 공기 속으로 증발한다. 마치 더운 여름날 축축한 동굴 속에서 느끼는 시원함 같은 것이 낙타의 피부와 두꺼운 털 사이의 공간에서 생긴다고 보면 된다.

땀이 털의 끝보다는 피부 표면에서 더 많이 증발하기 때문에 낙타가 땀을 흘리는지 감지하기는 어렵다. 피부에서 땀이 증발하면서 잠열 물질의 상태가 바뀔 때 방출되거나 흡수되는 열에너지 을 흡수하기 때문에 대기보다 피부의 열이 떨어지게 되고 그래서 낙타의 냉각 효율성은 증대된다. 이에 따라 부가적인 대사 활동도 줄어든다. 낙타가 더운 날 진한 오줌을 제 다리에 누는 것도 잠열 흡수법이다. 오줌이 주변에서 열을 흡수해 수증기로 증발하면 시원해진다. 푹푹 찌는 여름날 마당에 물을 확 뿌리면 잠시라도 시원해지는 것과 같은 이치다.

달릴 줄 알지만 달리지 않는다

목마름과 더위에서 빨리 벗어나고 싶어 도망치듯 다짜고짜 달렸다면 낙타는 사막에서 살아남지 못했을 것이다. 낙타는 달리기 능력이 있지만 달리지 않는다. 느긋하게 여유를 즐길 형편은 아니지만 빨리 달리는 것은 그에게 낭비다.

    달리면 열이 난다. 외부의 열도 주체하기 힘든 판에 스스로 열을 만들어 내면 그걸 어떻게 감당하겠나. 낙타는 부글부글 끓는 마음만으로도 몸이 축난다는 것을 아는 동물인 듯하다. 낙타는 헤픈 행동을 삼간다. 사막을 횡단하는 낙타가 총총걸음을 치거나 전속력으로 달리지 않는 것은 에너지와 물을 아끼기 위해서다. 더위 속에서 급격한 체온 증가가 일어나면 에너지 소모가 많아진다. 체온 조절을 위해 땀을 많이 흘리면 탈수 증세가 생길 수 있다.

    낙타가 에너지 낭비를 줄이는 방법 가운데 또 하나는 구르듯이

걸어가는 독특한 걸음걸이다. 사막에서 오래 걸을 때에 낙타는 몸의 한쪽에 있는 다리 둘을 함께 움직인다. 왼쪽 두 다리와 오른쪽 두 다리가 동시에 움직이는 것이다. 앞발과 뒷발을 천천히 움직이며 헐거운 듯 걸어가면서 에너지와 물의 낭비를 되도록 막는다. 그래서 낙타가 걸을 때에는 몸이 앞뒤로 흔들린다. 가속 페달과 브레이크를 자주 밟는 차량일수록 연료 낭비가 많듯이 갑작스러운 근육 수축은 에너지를 많이 쓰게 하므로 낙타는 좀처럼 가속을 하지 않는다.

걷는 속도의 변화가 잦으면 전진하기 위한 근육 수축과 균형을 잡기 위한 근육 수축이 번갈아 일어나야 하므로 에너지 낭비가 많다. 그러나 길이가 같은 낙타의 네 다리는 추의 진동처럼 골반을 중심으로 대퇴넓적다리와 하퇴장딴지의 자연스런 움직임이 그대로 이어진다. 낙타가 바퀴 구르듯 움직이는 것은 걸을 때 에너지를 가장 적게 쓰도록 무게 중심의 변화를 줄인 때문이다.

낙타는 무아경 속에서 일정 속도로 걷는 것처럼 보인다. 땡볕 내리쬐는 사막에서 자신에게 달리기 능력이 있음을 모른 체하는 것은 낙타의 남다른 지혜다. 땡볕 속에서 도를 닦거나 수행을 하는 것은 아닐 테지만, 낙타는 자연이 가리키는 길을 그대로 가는 듯이 보인다. 자연의 이치 속에서 구도의 길을 찾는 순례자처럼 낙타는 마음을 비우고 극한 상황을 덤덤하게 이겨 낸다. 그런 그에게서는 어느 한쪽으로 치우치지 않는 공평한 마음이 느껴진다. 지나치거나 모자라지 않고, 한쪽으로 기울지도 않고, 변함없이 떳떳하다. 중용中庸의

도리가 낙타의 천성일까?

사막을 걷는 낙타는 시속 5킬로미터 정도로 터덜터덜 간다. 아랍 전사를 태우고 내달릴 때에는 시속 20킬로미터에 이르기도 했지만, 낙타가 사막을 건널 때에는 허둥대는 마음을 버리고 일정 속도로 에너지 소모를 줄이며 걷는다.

___ 낙타의 강력한 근육과 관절

힘든 일을 숱하게 겪고 나면 웬만한 일은 식은 죽 먹기다. 바짝 말라붙어 있든, 모래바람이 휘몰아치든, 엄청나게 해가 내리쬐든, 그쯤은 일상이어서 낙타는 그 와중에도 저만의 꿈을 꿀 수 있다. 걸으며 옆을 힐끗 보아도 자신만큼 땡볕을 잘 견디는 자는 달리 없다. 그럴 때의 뿌듯함은 자신을 더욱 북돋는 힘으로 작용할지도 모를 일이다.

사막을 건너는 대상은 흔히 하루에 40킬로미터쯤 이동한다. 낙타는 450킬로그램에 이르는 짐을 운반할 수 있지만, 대개 150킬로그램 정도의 짐을 싣고 한 해에 6개월에서 8개월쯤 사막을 왕복한다. 그보다 더 혹사당하면 죽음에 이르기도 한다.

낙타는 다리가 길고 야위었지만 뼈가 단단하고 근육이 발달했다. 특히 대퇴 근육은 매우 튼튼하다. 그래서 무거운 짐을 지고 먼 거리를 여행할 수 있는 것이다. 등의 혹 속에 갈무리한 지방은 낙타의 비상식량에 해당한다.

낙타는 무릎에 진한 회갈색을 띤 딱딱한 패드가 있다. 딱딱한 가죽으로 된 그 심은 무릎을 꿇고 쉴 때 쿠션 구실을 하여 무리 없이 무게를 견딘다. 엎드릴 때는 앞다리를 먼저 구부린 뒤 뒷다리를 구부리고, 일어설 때는 뒷다리부터 펴고 앞다리의 무릎관절을 편다. 무거운 짐을 등에 짊어진 채로 앉았다 일어서기를 반복할 수 있을 만큼 낙타의 근육과 관절은 강하다.

낙타는 어려움을 덜려고 함부로 헐떡대거나 하지 않는다. 숨을 헐떡이는 것은 정상 호흡이 곤란하거나 현상 유지가 어려울 때 하는 행동이다. 헐떡이면 체온이 낮아져서 당장 어려움을 더는 데는 도움이 되지만, 몸 안의 열과 함께 수분이 배출되기 때문에 그만큼 에너지와 물의 낭비가 따른다.

낙타는 신체 변화의 폭이 넓어서 웬만하면 헐떡이지 않고 지낼 수 있다. 호들갑을 떨지 않고 땀도 별로 흘리지 않는 낙타는 참을성으로 따지면 누가 뭐래도 맨 앞줄에 서는 동물이다. 낙타가 짐을 많이 지고 구부렸다가 일어설 때 커다란 소리를 내는 것은 성질이 거칠어서가 아니라 심호흡이다.

길들여지는 동물은 제 힘을 잃는다

현재 쌍봉낙타는 멸종위기종이다. 몽골과 중국 북서부의 거친 고비 사막 외진 곳에 천 마리도 안 되는 수가 남아 있을 뿐이다. 수천 년 동안 견뎌낸 사막의 극한 상황이 낙타의 면역기능 발달에 도움이 되었다지만, 야생 낙타를 잡아먹기도 하는 유목민과 이들이 사육하는 가축들과 부족한 먹이를 놓고 벌이는 경쟁이 힘에 부치면서 급격히 수가 줄었다.

낙타는 출산율이 낮고 임신을 하려면 많은 시간이 필요한 종에 속한다. 5살이 되어야 임신이 가능하고 새끼 한 마리를 2~3년마다 낳을 수 있어서 증가 속도가 더디다. 그러므로 일단 사망률이 높아지기 시작하면 멸종 위험이 커진다. 특히 생존 개체가 적을 때는 사라질 위험이 더 크다. 단봉낙타는 개체수는 많지만 야생성을 잃은 채 현재 모두 가축으로 길러지고 있다. 우리가 흔히 볼 수 있는 동물은 길들여져 있고, 식물은 재배되고 있다. 사람의 입맛에 맞아야 목숨이라도 이을 수 있는 생물종의 목록에 쌍봉낙타 또한 올라 있다.

낙타는 과묵하다는 표현이 딱 어울리는 동물이다. 사막에서 누구도 넘볼 수 없는 대형 동물로 위세를 떨치던 야생 낙타가 엉뚱하게 강박감으로 과격해진다면 스스로가 생존을 위협하는 원인이 될 것이다. 낙타가 보여주는 초연함은 자신을 살리는 가난한 마음이라고나 할까.

낙타는 그냥 견디는 것이 아니다

낙타가 평정심을 잃지 않고 침묵의 소리에 귀 기울일 수 있는 것은 열을 이겨 내는 독특한 내성 때문이다. 낙타는 몸에 자동 온도 조절 장치가 있다. 사람의 경우에는 대기 온도가 체온보다 높으면 땀을 흘리는데, 낙타는 땀을 흘리기 전에 체온을 6도까지 올릴 수가 있어서 불필요하게 수분이 손실되는 것을 막는다.

    낙타는 체온의 변화를 견디는 내성이 큰 동물이다. 이런 특성은 박쥐처럼 각각의 종들이 저마다 전문가가 되어 경쟁에서 우위를 차지하려는 전략과는 정반대의 것이다. 북적거리는 도시를 벗어나서 문명의 혜택을 거부한 채 살아가려면 낙타처럼 이것저것 다 견디고 웬만한 일은 스스로 해결하는 것을 기본으로 삼아야 한다. 별 수 없이 도시에서 살면 사소한 것도 사서 써야 하고, 남는 힘으로는 박쥐처럼 자기를 좀 더 가다듬고 특화해야 한다.

사막에 밤이 오면 땡볕이 언제 있었느냐는 듯 급격히 기온이 떨어진다. 대기 중에 수증기가 거의 없다 보니 지표에서 복사된 긴 파장의 에너지가 갈무리되지 않고 그대로 빠져나가기 때문이다. 열을 흡수해서 보관하는 온실 가스로서의 수증기가 사막에는 거의 없다.

밤이 되어 낮 동안 데워진 표면 온도와 건조하고 구름이 없는 대기 때문에 외계로 빠지는 열이 많아지면 마치 가열된 것이 푹 꺼져 버리는 듯한 '열방사선 냉각'이 일어난다. 이로 말미암아 건조 효과가 겹쳐서 사막은 계속 건조함을 유지한다. 가장 큰 사막인 사하라에서는 열방사가 다른 사막에서보다 더 크고 뚜렷하다. 그러므로 밤이 되면 갑자기 날씨가 추워진다. 낙타는 두툼한 털옷을 물려준 조상에게 밤마다 고마워할지도 모를 일이다.

낙타는 정온 동물임에도 사막의 급격한 기온 변화에 적응해 낮에는 체온을 41도까지 올리고 밤에는 34도까지 떨어뜨리면서 아무 탈 없이 살아간다. 낙타가 땀을 흘리는 것은 체온이 41도가 넘어섰을 때의 일이다.

사람의 체온에 이런 변화가 있다면 거의 사망에 이를 것이다. 우리 몸의 대사 기능을 조절하는 효소는 41도에 이르는 고온이 지속되면 단백질의 입체 구조가 바뀌어 제 기능을 못하게 되기 때문이다. 갓난아기가 고온에 시달릴 때 옷부터 벗기고 체온을 낮추는 것은 효소 같은 단백질이 변성할 위험 때문이다. 치타가 마냥 달릴 수 없는 이유 가운데 하나도 뇌에서 체온이 급상승하기 때문이다. 그런데 낙

타는 이미 체온 조절에 생리적으로 적응한 상태다.

또 사람은 체온이 35도 이하로 떨어지면 심장이나 폐 기능이 저하되어 맥박이 느려지고 호흡이 감소된다. 이런 상태가 지속되면 사망에 이를 수 있다. 혈액 속에 알코올 농도가 높아 뇌의 체온 조절 기능이 제대로 작동하지 않을 때 추운 밖에서 잠이 들면 큰일 나는 것도 이 때문이다.

수분과 체온 조절 자유자재

사람과 달리 낙타는 물과 열을 능란하게 유지 관리한다. 낙타의 독특한 대사 작용 덕분이다. 낙타는 이것저것 입맛대로 골라 먹으며 투덜거릴 처지가 못 된다. 가시덤불이나 씨앗 같은 것뿐 아니라 동물의 뼈나 가죽까지 닥치는 대로 먹기 때문에 거친 환경 속에서도 살 수 있다. 낙타는 대개 한 달 가까이, 겨울에는 몇 달 동안 물을 마시지 않고도 산다. 추울 때에는 따로 물을 먹지 않고 식물에 함유된 수분만 섭취하고도 거뜬히 견딜 수 있는 것이다. 낙타는 평소에도 식물을 먹으면서 자신에게 필요한 수분을 얻는다.

게다가 낙타는 사는 데 필수 요소인 양분과 물을 몸에 갈무리해 놓기 때문에 혹독한 환경 속에서도 좀처럼 흐트러지지 않는다. 양분은 혹 속에 지방 조직으로, 물은 혈관에 받아들여 몸 구석구석에 저장한다. 몸속의 물 40퍼센트가 줄어도 낙타는 견딜 수 있다. 물 부족에 따른 위험 증후가 나타나더라도 5~7일은 더 움직일 수 있다.

낙타는 시력이 좋아서 먼 곳에 있는 것을 잘 본다. 냄새도 잘 맡아 황량한 사막에서 물과 먹이를 찾아낸다. 보이지 않는 곳에 있는 물 냄새를 맡을 만큼 낙타의 후각은 예민하다. 극한의 어려움은 참을성만 갖고 얼렁뚱땅 극복할 수 있는 것이 아니다. 이렇게 본다면 낙타는 경험과 의지로 능력을 키워 온 셈이다.

낙타는 알뜰하다. 여름에는 대낮에 쉬고 아침저녁으로 활동하며 몸에 부담이 오는 것을 피한다. 너무 더워서 체온이 41도를 넘을 때에는 땀을 흘리기도 하지만 웬만한 수분 손실은 잘 견딘다.

갈증이 심할 때에는 10분 안에 100리터의 물을 먹을 수 있는데, 이렇게 한꺼번에 많은 양을 마시면 여느 동물은 죽을 수도 있다. 그러나 낙타는 혈류 속에 물을 저장하는 특이한 동물이라서 짧은 시간에 실컷 마셔도 탈이 없다. 물 부족으로 온몸의 조직에서 빠져나간 물을 충분히 채우다 보면 하루에 200리터 정도는 마실 수 있다. 엄청난 저장 탱크가 아닐 수 없다. 그러나 몸속에 물이 넉넉히 갈무리되어 있으면 곁에 물이 있어도 관심을 보이지 않는다.

독특한 적혈구가 물 부족 방지

낙타는 수분 조절을 위해 적혈구의 생김새까지 특이하게 진화했다.

적혈구까지 수분 변화에 대한 적응력이 있다는 것은 낙타의 감춰진 힘이 만만치 않음을 보여 준다. 산소를 몸 구석구석의 세포에 운반하는 적혈구는 가운데가 우묵한 원반 모양을 하고 있다. 그런데 낙타는 적혈구가 달걀 모양으로 좀 더 길쭉하게 생겨서 그것이 둥글게 불어 날 만큼 물을 갈무리할 수 있다. 달걀 모양의 적혈구 세포는 물을 흡수하면 배로 불어나는 것으로 관찰되었다. 물 부족을 견뎌야 하는 낙타가 탈수 상태에서도 혈류가 막히지 않는 것 또한 길쭉하게 생긴 적혈구 덕분이다. 낙타의 적혈구는 엄청난 양의 물을 마신 뒤에 생기는 격심한 삼투압의 변화에도 파열되지 않고 견딘다. 낙타는 핏속뿐 아니라 몸속의 조직 구석구석에 물을 넉넉히 채우면서 바짝 마른 사막에서 견딜 만반의 채비를 갖춘다. 낙타의 생리적 적응력은 참으로 놀라운 것이다. 낙타는 오줌을 농축해서 누고 바로 땔감으로 써도 좋을 만큼 똥에도 거의 물기가 없다.

낙타는 나뭇잎뿐 아니라 가시 달린 가지까지 먹어 그 속의 양분과 물을 모두 이용하는 동물이다. 게다가 여느 육상 동물이 마시기에는 소금기가 많은 짭짤한 물도 섭취할 수 있게 생리적으로 적응되어 있다. 낙타의 입은 단단하고 고무같이 질겨서 나뭇가지나 가시를 뜯어 먹을 때에도 다치지 않는다. 낙타는 여느 되새김질 동물들과 달리 위턱에 앞니가 없는 대신에 근육질의 단단한 심이 있다. 34개의 날카로운 이빨은 풀이 없어서 동물의 살과 뼈를 씹어야 할 때에도 문제가 없다. 커다란 이빨 일부는 아메리카들소 이빨과 유사하다. 수컷의 송곳니는 아주 커서 수컷 간의 종내경쟁을 벌일 때에 투쟁 무기로도 쓴다.

　낙타는 소, 양, 염소처럼 되새김질을 한다. 일단 먹이를 삼켰다가 첫 번째 위에서 뱉어내 다시 입으로 올려 씹어 먹는다. 다른 되새김 동물의 위는 4개의 방으로 되어 있지만, 낙타의 위는 3개의 방으로 되어 있다.

　낙타는 뚱뚱해질 수가 없다. 몸 전체에 지방이 퍼져 있으면 체지방을 분해할 때 생기는 열을 감당하기 어렵기 때문이다. 흔히 동물은 지방을 몸 전체에 저장한다. 그런데 낙타는 비만을 피해 몸을 날씬하게 유지하면서 여분의 지방은 혹에 몰아서 갈무리한다. 이렇듯 낙타는 비상식량을 혹에 꾸려 넣으면서 다른 생물들에게서 보기 힘든 특징 있는 외모로 진화했다.

　낙타는 혹 속의 지방을 분해해서 양분으로 쓸 수 있다. 또 혹 속의 지방 조직이 대사 작용에 들어가면 에너지만 제공하는 것이 아니라 공기 중의 산소와 반응하면서 부산물로 물을 만들어 낸다. 건조 지역에서 산소를 받아들이기 위해 호흡을 하는 것은 수분평형水分平衡 면에서 이득보다 손실이 크긴 하지만 호주 사막에 사는 캥거루나 주머니두더지도 산소를 이용해 지방대사로 생기는 물을 이용한다. 먹을 것이며 마실 것이 거의 없는 건조하고 황량한 사막에서 살 수 있는 비결이 여기에 있다. 낙타는 오랫동안 먹지 못하면 혹 속에 갈무리한 지방이 줄어들어 혹이 쭈그러들고 말랑말랑해지면서 한쪽으로

힘없이 주저앉는다. 그러나 충분한 양분을 섭취하면 혹은 다시 등뼈 위에 단단하게 올라선다. 낙타는 혹의 크기로 영양 상태를 알 수 있다. 영양이 충분하면 무게가 35킬로그램 넘게 나갈 만큼 혹이 단단하게 커진다.

숱한 어려움 속에서도 낙타는 자못 여유롭다. 이 동물은 험한 환경과 부대끼며 그의 역량을 드러낸다. 평소에 갈고 닦은 실력 덕분이다. 사막에서 사는 낙타는 풍요로운 들판과 숲을 남에게 양보하는 마음[辭讓之心]을 지닌 것일까. 그렇다면 낙타는 '예禮'를 아는 동물일지도 모르겠다.

4
일본원숭이의 넉넉한 마음

지구에 퍼져 있는 원숭이의 생김새나 행동은 참으로 갖가지다. 그러나 진화의 관점에서는 서로 뿌리가 맞닿아 있다. 현재 190종류 정도가 알려져 있는데, 살아 있는 원숭이 종류가 얼마나 되는지는 정확하게 파악되지 않고 있다.

원숭이는 1990년 이후 해마다 새로운 종이 발견되었다. 피그미마모셋처럼 워낙 작아서 사람 손 안에 들어오는 조그만 몸집의 원숭이들은 열대 우림의 나무 위에서 살기 때문에 아직 밝혀지지 않은 종류가 많을 것으로 추정된다. 남아메리카와 아프리카, 동남아시아의 열대림이 그런 원숭이들이 주로 사는 곳이다.

비영리 기구인 국제보존협회에 따르면 전체 영장류의 10퍼센트가 심각한 멸종 위기에 처해 있고, 20년 내에 사라질 전망이다. 주된 원인은 인구 증가에 따른 삼림 벌채다. 그리고 또 다른 원인은 사냥이다.

우리가 흔히 보는 원숭이는 진원류이다. 하등한 원숭이인 원원류가 남아 있긴 하지만, 원원류에서 3천만 년 전에 발달한 진원류가 대부분이다. 진원류는 꼬리감는원숭이, 긴꼬리원숭이, 유인원 등 세 무리로 나뉜다. 진원류의 90퍼센트 이상이 원숭이다. 나머지는 꼬리가 없는 사람 무리, 즉 유인원이다.

꼬리감는원숭이는 꼬리를 자유롭게 움직여서 마치 손처럼 사용한다. 중앙아메리카와 남아메리카 대륙에서 살아서 신세계 원숭이라고 한다. 긴꼬리원숭이와 유인원은 아시아와 아프리카에서 산다. 그래서 구세계 원숭이라고 한다. 긴꼬리원숭이는 꼬리가 길지만 꼬리로 나무를 감거나 하지 못하고 그냥 몸의 균형을 잡는 데 사용한다. 침팬지, 고릴라 등 유인원은 꼬리가 없다.

문화를 즐기는 일본원숭이

구세계 원숭이 중에는 문화를 가진 원숭이가 있다. 바로 일본원숭이다. 이들은 먹이를 씻어먹는다. 아주 영리한 동물임을 알 수 있다. 사람을 제외하고 흙 묻은 먹이를 씻어 먹는 동물은 발로 먹이를 씻어 먹는 미국너구리 말고는 일본원숭이뿐이다.

이제껏 문화는 인류만이 누리는 것이라고 생각해 왔다. 문화는 대상을 판단하고 추리하며, 학습에 의해 습득하고 깨달은 것을 다음 세대에 전달하고 사회 전체에 퍼뜨리는 것이다. 그런데 이 고차원의 습성이 놀랍게도 일본원숭이 무리에서도 나타난다.

암컷이 해변에 있는 고구마를 먹기 위해 바닷물에 모래를 씻으면 다른 원숭이들도 따라한다. 해변 가까이 사는 일본원숭이들은 모래 묻은 먹이를 바닷물에 씻어 먹는 습성을 지녔다. 고구마는 민물보다는 짠물에 씻어 먹기를 좋아하는데, 이들이 바닷물에 씻으면서 생긴 짭짤한 맛을 더 좋아하기 때문인 것으로 보인다. 이런 습성은 다른 원숭이에게서는 찾아보기 어렵다.

숲에서 사는 일본원숭이는 감자를 계곡물에 씻고, 모래 묻은 밀을 고여 있는 계곡물에 넣고는 표면 위에 뜨는 것을 먹는 꾀가 있다. 이런 지식은 무리에 널리 알려져서 다른 원숭이들도 같은 행동을 보이며 어미를 통해 새끼에게 전해진다. 이렇게 무리 안의 습성으로 이어지던 것이 일본원숭이의 수용력과 개방성으로 말미암아 무리 밖으로 전달되기도 했다. 그래서 이윽고 일본원숭이 전체의 습성으로 뿌리 내리게 되었다. 이것은 인간을 제외한 영장류 문화의 한 보기다.

일본원숭이는 어릴 때 어미 곁에서 먹이를 먹고, 크면 동년배와 어울려 먹는다. 이런 행동은 어미의 먹이를 고르는 습관이 사회 행동으로 전달될 잠재력이 있음을 암시한다.

일본원숭이는 사투리를 쓴다

일본원숭이는 단단해 보이는 몸집에 크기는 전체 원숭이 가운데 중간 정도다. 수컷이 암컷보다 훨씬 크다. 먹이를 찾을 때 수컷은 암컷보다 더 먼 거리를 가고 걸핏하면 펄쩍펄쩍 뛴다. 수컷은 암컷보다 나무에서 내려올 때가 잦은데, 이런 차이는 몸집 크기와 사회성 그리고 유아 돌보기와 관련이 있다.

일본원숭이의 손은 엄지가 다른 손가락과 맞닿을 수 있게 발달한 덕분에 물건 잡기가 좋고, 물건을 잡는 움직임도 꼼꼼해서 먹이를 구할 때 나뭇가지나 돌멩이를 도구로 쓰기도 한다.

북쪽에 사는 종류는 겨울이면 두꺼운 털로, 여름에는 가벼운 털로 털갈이를 한다. 눈 덮인 겨울, 온천에 몸을 담그고 헤엄을 치는 광경은 관광거리다. 북쪽에 사는 일본원숭이가 작은 눈 뭉치를 만들어 바닥에 굴려서 더 큰 눈덩이를 만드는 것이 여러 연구자에 의해 관찰되었다. 이것은 생존 목적이 아니라 사회 활동 가운데 하나로 보인다. 그만큼 일본원숭이는 생존 유지 차원을 넘어, 협력하면서 좀 더 수준 높은 문화를 즐기는 데에도 관심이 있는 것으로 보인다. 푹푹 빠져서 움직이기 불편하고 먹이 찾기도 어려운 눈 속에 뛰어들어 놀이와 흥밋거리를 찾아내는 이들에게 웬만한 난관쯤은 문제가 아니다. 낙천성은 이들이 가능성을 찾아내고 성공을 이루는 데 가장 큰 자산이 되는 셈이다.

최근의 연구에서 일본원숭이는 사람처럼 서로 다른 억양을 발달시킬 수 있다는 것이 밝혀졌다. 지역에 따라 사투리를 쓰는 셈인데, 200마일쯤 떨어진 곳에서 사는 원숭이들이 서로 다른 억양으로 의사소통에 임했다. 일본원숭이들의 사회적 행동에 관해서는 생태학뿐만 아니라 신경과학 분야에서도 연구가 이루어지고 있고, 약물 실험 반응도 이어지고 있다.

영장류에서 발생한 가장 뚜렷한 진화는 뇌에서 차지하는 후각 기관의 면적이 줄어든 것이다. 영장류는 후각 기관의 중요성이 줄면서 시각이 좋아지는 방향으로 진화했다. 따라서 특별한 경우를 제외하고는 후각보다 시각에 의존해 움직임을 결정한다.

정교하고 치밀한 일을 할 때에는 시각을 활용하는 것이 다른 감각을 쓰는 것보다 유리하다. 진원류는 특히 시각이 발달해서 눈으로 거리와 위치를 파악한다. 다른 많은 포유동물이 사물 인식을 후각이나 청각 등에 의존하는 것과 차별된다.

그래서 진원류는 나뭇가지가 많고 복잡한 밀림에서 재빠르게 행동할 수 있고, 낮에 활동하기에 좋다. 물론 맹금류처럼 먼 거리에서도 사물을 정확히 파악할 수 있는 동물도 있지만, 진원류는 색깔을 알아차리고 가까이 있는 사물을 정확히 파악하며 시각으로 과거의 정보까지 종합해서 일을 처리한다.

이렇게 색깔을 잘 파악할 수 있도록 시각이 좋아지면서 원숭이는 후각에 의존하는 반응이 퍽 줄었다. 암컷이 엉덩이 색깔의 변화로 상대에게 짝짓기 철이 왔음을 알리는 것도 원숭이가 그만큼 시각에 의존하는 동물로 진화했음을 말해 준다. 물론 짝짓기 신호로 냄새를 풍기기도 한다.

영장류는 눈과 손의 협동으로 사물을 조작하고 입체적인 시각을 갖추도록 두뇌가 발달했다. 이런 능력이 뒷받침되어 여느 동물보다 손 움직임이 꼼꼼하고 섬세한 일을 할 수 있다. 애정 표현으로 털 고르기 행동을 보일 수 있는 것도 원숭이의 두뇌와 연결된 세밀한 손동작이 여느 동물보다 발달했기 때문이다.

일본원숭이는 사람과 많이 닮았다. 얼굴에는 털이 없고, 얼굴색은 붉으며, 눈에 표정이 있다. 설령 분노나 슬픔이 있다손 치더라도 눈으로 말하는 바를 이해하고 수긍하면서 서로 더 배려하게 되었을지도 모른다.

연장자 우선하는 평화로운 무리

일본원숭이는 평온하게 조직을 유지하면서 종족 번영을 이어 간다. 남다른 조직 운영 비결을 깨우치고 실천한 덕분이다. 계급제도를 유지하되, 각 개체 사이에 적대적인 경쟁 관계 대신에 협력 체제를 구축하는 것이다. 일본원숭이들은 놀이 삼아 동무 삼아 서로 애정을 다지면서 협력을 즐긴다. 그래서 폭력과 공포, 죽음의 어둠을 벗고 '사랑의 공동체 이루기'라는 이상을 구체적으로 실현하고 있다.

   일본원숭이 무리는 알파메일alpha male 즉 우두머리 수컷이 지배한다. 그러나 수컷 사이의 힘겨루기에서 이긴 서로운 대장 수컷이 벌이는 유아 살해가 없다. 신세계 원숭이에 속하는 짖는원숭이 무리를 보면, 유아 사망 원인의 40퍼센트 이상이 수컷이 벌인 유아 살해에 의한 것이다. 짖는원숭이는 자신의 영토를 방어하기 위해서 나무 꼭대기에 올라가서 목청껏 소리를 지르는 특이한 습성 때문에 붙여진

이름이다. 짖는원숭이 암컷이 새끼를 지키려 애쓰고 새끼들도 어미에게 바짝 붙어 있지만 우두머리 수컷에 힘이 달리니 별 수 없다. 권력을 쟁취한 수컷이 걸림돌이 되는 상대방을 제거하면서 조직은 한바탕 유전자 물갈이가 이루어진다.

훗날 힘이 세진 또 다른 수컷이 패권을 잡으면 살해는 되풀이된다. 부계 중심 사회에서는 우두머리 수컷이 무리 안의 짝짓기를 독점하기 때문에 투쟁에서 이기는 것은 자신의 유전자를 퍼뜨리고 무리를 지배하는 정복 행위와 다름없다.

그러나 짝짓기 기회를 뺏긴 다른 수컷들 또한 저희의 유전자를 후세에 퍼뜨리려는 강한 본능이 있다. 이들은 잠재된 욕망을 누른 채 호시탐탐 기회를 노린다. 무리를 지배하던 리더가 늙어 힘이 빠지면 외부에서 들어오거나 무리 안에 있는 젊은 수컷이 그동안 쌓은 힘으로 우열 경쟁을 벌인다.

우두머리 수컷이 바뀌면 예전 대장 수컷의 유전자를 타고난 새끼들을 없애 버리고, 수유 중인 암컷들을 임신 가능 상태로 유도해 제 유전자를 퍼뜨리기 일쑤다.

언뜻 보기에 강력한 우두머리가 살벌하게 조직을 지배하면 그 기세에 눌려 순탄하게 위계질서가 잡힐 것 같지만, 거짓 평화가 숨죽인 채 잠시 펼쳐질 뿐이다. 권불십년이라 부하 수컷들이 힘을 기른 다음 여차하면 싸움 걸 기회를 노리고, 승자는 언젠가 또 바뀐다.

__우두머리 수컷은 군림하지 않는다

다행히 일본원숭이 무리는 내부 단합을 잘 이루고 있다. 대장이 조직을 지배하면서 위계질서를 잡고, 그 밑에 두세 마리의 수컷이 부대장 격으로 대장을 도와 무리를 이끈다. 이들은 나무 위에서 지내기를 좋아하는 수상성樹上性 동물이다. 무리에는 여러 마리의 수컷과 암컷이 있다. 수로 보면 암컷이 수컷보다 3대1 정도로 많다. 일본원숭이는 관계 지향적인 서열 관리로 평화를 유지한다. 지도자 역할을 수행하는 우두머리 수컷이 짝짓기를 모두 독점하지 않고 자유를 허용하기에 이들은 우두머리 수컷 자리를 놓고 벌이는 피비린내 나는 싸움을 지양한다.

조직 안에서 적절한 타협점을 찾으면서 무리 전체의 힘은 강화되었다. 그래서 대외 경쟁력이 높아졌다. 집단 내 경쟁은 발전을 위한 조건이 되기도 하지만, 외부와의 싸움에서 지면 내부의 승자도 결국 패자가 된다. 일본원숭이는 공존을 위한 협력의 중요성을 터득한 것처럼 보인다.

일본원숭이는 모범적인 사회성 동물이라고 할 수 있다. 우두머리 수컷의 지배력과 구성원들의 협력, 이 둘을 조화시키는 지혜가 계승되고 있는 까닭이다. 이런 흐름이 이어지는 것은 우두머리 수컷이 사리사욕을 채우려고 군림하는 게 아니라는 생각이 무리 사이에 퍼져 있기 때문일 것이다. 일본원숭이는 흔히 20~30마리가 무리를 지어 사는데, 150마리 이상이 큰 무리를 이루기도 한다. 무리의 규모는 먹이를 얼마나 얻을 수 있는지에 따라 달라지고, 각 무리는 우세한 수컷이 이끈다. 일본원숭이 무리는 협력과 분화 속에서 흐트러지지 않는 공동체를 이루고 있다. 다른 무리에 있던 수컷이 영역 안에 들어오면 우두머리 수컷은 그를 쫓아낼지 말지 결정한다.

 일본원숭이 사회는 온화한 모계 중심 구조다. 암컷 중심의 계보가 있다. 암컷의 서열은 모계에 따른 순위로 태어날 때 정해진다. 암컷은 자신의 어미와 함께 서열 사회를 이루고 살며, 30살에 이르는 수명이 다할 때까지 무리를 벗어나지 않는다. 그러나 수컷은 어미의 보살핌 속에서 지내다가 성숙 연령인 4~5살 무렵에 무리에서 나간다. 그러고는 평생 동안 무리를 옮겨 다닌다. 수컷도 동년배들끼리 강하고 지속성 있는 우정으로 협력 관계를 유지한다. 놀이는 친밀도와 밀접한 관련이 있다.

 일본원숭이 조직은 계보와 계급이 혼합된 체계다. 거주지가 자유로운 동물은 유전적인 친족 관계를 구분하기가 퍽 어렵다. 그러나 영장류는 오랫동안 사회생활을 하므로 유전적인 친밀도가 드러난다. 특히 일본원숭이의 사회 구성에서 이는 커다란 요소다. 수컷은 계보에 의한 서열에 큰 영향을 받지 않고 경쟁력이 있는지, 얼마나 강한지에 따라 계급이 결정된다. 그런데 이 계급은 싸움으로 결정하기보다는 흔히 수컷의 연령을 따른다. 계급이 높은 수컷은 나이와 경험이 많은 만큼 책임감도 있어서 무리의 변방에 있는 낮은 계급의 수컷보다 좀 더 사회적이고 적극적이다. 우두머리 수컷은 계급제도에 따라 지위가 확고한 데 비해 암컷의 서열은 상대적으로 느슨해서 위계질서를 크게 따지지 않는다.

__ 털 고르기는 존경과 사랑의 표현

일본원숭이는 높은 계급의 원숭이에게 경외심을 보이고 복종하는 것을 주저하지 않는다. 계급이 낮은 원숭이가 계급이 높은 원숭이에게 섬김과 사랑을 표현하는 방법 가운데 가장 흔한 것은 털 고르기다. 특히 높은 서열의 암컷에게는 여러 원숭이가 털 고르기를 자주 해 준다. 서열이 높은 암컷은 짝짓기 기회가 많은 만큼 더 많은 새끼를 낳고 그 새끼들은 성장 속도가 빠르며 생존율도 높다.

짝짓기 철이 아닐 때에는 혈연관계가 가까울수록 털 고르기가 많이 이루어지고, 짝짓기 철에는 짝짓기 파트너 혹은 친밀한 정도에 따라 동성 사이에서도 이루어진다. 일본원숭이 사회에서는 암컷끼리도 짝짓기 행동을 하듯 올라타는 게 흔한 일이어서 민망할 것도 없다. 흔히 일본원숭이들은 이성이든 동성이든 좋아하는 대상이 있다. 그러나 상대가 고정되어 있는 것은 아니고 수시로 자연스럽게 바뀌곤 한다. 그러니 계급투쟁에 별 관심이 없고 세대 간 갈등이라는 사회 문제로 골머리를 앓을 까닭도 없다. 권력을 이용해서 상대를 지배하고 복종시키려 하지 않고 가진 자의 여유가 아량으로 나타나는 점이 일본원숭이 번영의 핵심 요인으로 보인다.

　서열이 낮은 암컷은 털 고르기를 받을 기회가 별로 없어서 스스로 털 고르기를 할 때도 많다. 어찌 보면 자립심을 소중히 여겨 사회의 건강한 구성원으로 자라도록 모른 척 내버려두는 것 같기도 하다.

　새끼가 태어나면 좀 더 자란 어린 것은 동생을 위해 어미로부터 독립한다. 어미는 안쓰러운 마음 때문인지 어린 것에게 털 고르기를 비롯한 여러 행동으로 애정을 표시하면서 관계를 유지하려 한다. 이처럼 배려하는 마음은 부정적 에너지를 없앤다. 핍박받고 소외되는 일이 없으니 복수혈전의 빌미가 있을 리 없다. 일본원숭이들은 사랑과 어려움을 나누면서 서로 활기를 불어넣는 무리 생활을 이어 가고 있다.

　이들은 사랑으로 마음과 행동이 닮아 가고 협력을 강화하는 공동체를 만든다. 무리가 커지고 저마다 이기적인 주장들을 펼치다 보면 배가 산으로 가기 마련인데, 이들은 계층 계급 간 위화감을 미연에 방지해 그런 일이 거의 없다. 일본원숭이는 지나친 권력욕을 지양하고 유연하게 갈등을 관리한다.

공동 육아 펼치는 생태 공동체

일본원숭이는 평화 유지와 번영을 위해 '공동 육아'에 가장 심혈을 기울이는 것으로 보인다. 이들의 지혜는 저희의 미래가 새끼들에게 있다는 듯이 제 새끼뿐 아니라 남의 새끼도 돌보고, 암컷뿐 아니라 수컷도 함께 정성을 다하는 모습에서 빛을 발한다. 새끼들이 제대로 먹는지, 튼튼한지, 살면서 알아야 할 것을 배우고 있는지 등은 일본원숭이 사회 전체의 관심사다.

일본원숭이의 공동 육아법을 지켜보노라면 그들이 오히려 사람보다 나은 생태적 삶을 누리는 듯이 보이기도 한다. 생명을 소중히 여기고 환경 순화에 힘쓰며 사랑을 나누는 생태 공동체적인 삶이 반드시 이름만큼 거창해야 하는 것은 아니다. 공동의 관심사를 찾아내고 서로 배려하는 일본원숭이 사회는 어찌 보면 '생태 마을' 자치 공동체인 셈이다.

원숭이의 사회성에 가장 큰 영향을 미치는 것은 짝짓기 형태다. 원숭이 무리는 수컷 한 마리가 지배력을 행사할 수도 있고 자유분방하게 짝을 짓는 경우가 있는가 하면 일부일처제를 이루기도 한다.

핵가족 형태로 사는 원숭이로는 인도네시아의 수마트라 북쪽에 사는 긴팔원숭이와 큰긴팔원숭이 종류, 그리고 남아메리카 아마존 북쪽 에콰도르에 사는 굵은꼬리원숭이가 있다. 이들은 나무 꼭대기 쪽에 거처하면서 다른 무리와 뚜렷한 경계를 두고 가족 단위로 일부일처제를 이룬 채 산다. 이들은 가족을 지키는 데 최선을 다할 뿐 무리 전체에 지배력을 행사하려 하거나 큰 단위의 협력 행동을 보이지는 않는다.

생물은 생식력이 있는지, 자신의 유전자를 후손에게 물려주고 있는지가 독립된 종으로 인정받는 근거가 된다. 생물이 자신의 유전자를 남기기 위해 여러 가지 치밀한 전략을 구사하는 것은 이런 까닭이다.

일본원숭이는 원활한 유대 관계를 도모한 덕분에 생존율과 의사소통 수준이 높다. 번식기는 따로 없다. 아무 때고 번식을 할 수 있지만, 출산은 먹이를 얻기 쉬운 계절에 주로 한다. 6개월에 가까운 임신 기간을 거친 뒤 500그램 정도의 조그만 새끼를 낳으면 2년 동안 수유기가 이어지므로 2~3년마다 한 마리씩 낳을 수 있다. 수유기에 임신이 잘 안 되는 건 사람과 다른 동물들이 마찬가지다.

__ 새끼를 중심으로 꾸려가는 사회

일본원숭이가 속해 있는 긴꼬리원숭이과의 신체 특징은 딱딱한 궁둥이와 볼주머니다. 이런 원숭이는 먹을 게 보이면 일단 입 속으로 마구 집어넣어 볼 밑에 있는 주머니에 갈무리한다. 그러고는 안심할 수 있는 곳으로 가서 뱉은 다음 천천히 먹는다. 새끼들에게 볼주머니에 든 먹이를 전해 주는 아량쯤은 있다. 먹이 구하기 어려운 새끼들은 이런 배려 속에서 자란다.

　일본원숭이에게는 이렇게 남을 위하는 면이 있는가 하면 타산적인 면도 있다. 이를테면 일본원숭이 암컷은 짝을 구할 때 외모에 따른 매력보다는 수컷의 서열과 권력을 따져 결정할 때가 많다. 동물계에도 힘센 존재에 기대어 덕 보려는 흐름이 있다는 얘기인데, 암컷은 새끼의 서열을 높일 수 있는 짝짓기 대상을 찾는다고 한다. 따라서 계급이 높은 수컷은 짝짓기 기회가 많으며, 새끼들을 보살피는 일에 적극적이고 책임감이 강하다.

　일본원숭이는 사람을 제외한 영장류 중에서 가장 추운 북쪽에서도 사는 종류다. 열대와 아열대에서 사는 대부분의 다른 원숭이들과 달리 일본원숭이는 영하 15도에 이르는 겨울 추위를 견딘다. 그러므로 생존 전략이 남다를 필요가 있다. 일본원숭이들이 새끼들을 함께 보살피는 것 또한 종족 보존 전략의 일환인 듯하다.

　거친 환경 속에서 거뜬히 살아가는 또 다른 원숭이 종류인 붉은

털원숭이도 이런 전략으로 새끼들을 보살핀다. 이들은 산소가 부족하고 온도도 낮은 4천 미터의 고산 환경에 적응해 살기도 하고, 온도 변화가 심하고 건조한 사막에서도 살 만큼 생명력이 강하다. 지구 구석구석을 누비고 다니는 인류 또한 이런 원숭이와 닮은 면이 있는 것 같다.

일본원숭이와 붉은털원숭이 모두 어려운 환경 속에서 사는 만큼 대량 사망을 피하기 위한 대비책을 세워 놓았다. 이들은 모계 중심 사회를 이룬 채, 새끼 기르는 일과 영토 감시하는 일을 서로 나누어 맡는다. 암컷은 조용한 편이지만 수컷은 난폭한 면도 없지 않다. 붉은털원숭이는 와자지껄하기로 유명한 원숭이여서, 먹이를 찾으면 신바람이 나서 독특한 소리로 무리에게 알린다.

일본원숭이 수컷은 가정적이다

일본원숭이는 새끼를 돌볼 때 암컷과 수컷이 거의 동등하게 일을 분담한다. 새끼는 생후 20일이면 걷기 시작하고 한 달이면 나무 위로 기어오른다. 이때는 어미의 등에 매달려 올라탈 수 있고, 어미의 등에서 균형을 잡는 것에 익숙해지기 시작한다. 어미를 쏙 빼닮은 어린 원숭이는 젖 주며 돌보는 어미에게 철석같이 의존한다. 수컷도 새끼를 옮기거나 함께 모여 지내는가 하면 쓰다듬고 보호하면서 아비 구실을 한다.

짝짓기가 자유로운 편인 일본원숭이 사회에서 수컷은 제 자식이 누군지 확신할 수 없다. 그러니 제 자식이 이놈인지 저놈인지 몰라서 아무에게도 함부로 할 수가 없어 공동으로 양육하는 시스템을 채택한 것인지도 모른다. 이렇듯 무리 안의 원숭이가 새끼들을 함께 보살피며 살다 보니 크게 사납지 않아도 생존력은 강하다.

충분한 사랑을 받아 마음의 바탕이 튼튼하면 쉽게 포기하거나 낙담하지 않는 법이다. 일본원숭이의 강한 생존력은 충분히 사랑을 받은 덕에 자신의 역할을 찾아 이루려는 의욕이 강해진 것 아닌가 싶다.

어려운 환경을 함께 이겨 낸다

일본원숭이와 달리 우두머리 수컷이 조직을 지배하는 무리는 거침없이 목표를 지향하는 경향이 있다. 이들은 흔히 부계 중심 사회를 이룬다. 이런 하렘 구조에서는 짝짓기를 독점하는 대장 수컷이 되기 위해 죽음을 무릅쓴 경쟁이 이어지기 일쑤다. 그러다 보니 살아남은 수컷이 전체 무리에서 7퍼센트밖에 안 되는 맨드릴 숲에서 사는 개코원숭이 종류도 있다.

또 인도와 방글라데시, 스리랑카에서 흔히 볼 수 있는 하누만랑구르처럼 총각 수컷 무리가 힘을 합쳐서 대장 수컷을 몰아 낸 다음, 그중에서 힘이 가장 강한 놈이 나머지 수컷들을 내치는 종류도 있다. 하누만랑구르는 이렇게 수컷들을 쫓아내고 새끼들을 모조리 죽인 다음, 자신의 유전자를 물려받은 새끼들로 무리를 채우는 무자비한 경쟁자 제거 방식으로 권력을 확보하기도 한다. 이는 모두 먹이 부족과 혹독한 환경을 경험하면서 얻게 된 종의 특성에 속한다.

　이런 무리에서는 소외되거나 무력한 구성원을 돌볼 여유나 아량이 좀처럼 나타나지 않는다. 걸핏하면 힘겨루기로 대세를 판가름하면서 엄격한 조직 사회를 구성하고, 서슬이 시퍼렇게 상대방을 제압하는 경우가 흔하다. 대개 우두머리 수컷은 하렘에서 두 마리에서 열 마리 정도의 암컷과 새끼들을 거느린다. 먹이를 찾을 때 무리가 모이는 종류가 있고, 낮에는 작은 무리로 활동하다가 잠을 잘 때 더 큰 무리로 모이는 종류도 있다.

　왕이 수많은 궁녀를 거느리고 궁녀에게는 내시 말고는 다른 남성의 접근을 금한 것이나 성경에 나오는 고대 이스라엘 민족이 일부다처제를 둔 것은 인간 사회의 하렘이다. 이슬람에서는 코란에 아내를 네 명까지 허락하는 일부다처제를 명시해 놓고 있다. 알고 보면 자연계의 동물 수컷들도 아주 많은 수의 암컷을 거느릴 만큼 힘이 넘치지는 않는다. 대개 하렘 구조에서는 한 마리의 수컷이 서너 마리의 암컷을 거느리는 정도다.

　하렘에는 강한 수컷의 유전자가 그 무리에 제공된다는 장점이 있지만, 환경에 적응할 수 있는 다양한 유전자를 확보하기 어렵다는 단점도 있다. 따라서 일부일처제나 자유로운 짝짓기에 비해 유전자의 다양성이 떨어지고, 환경 변화에 대한 종족의 안정성도 떨어진다.

　이와 달리 부계 중심 사회이지만 협력 체제를 구축하여 조직의 평화를 이끄는 종류가 있다. 권력을 탐하며 대립 관계에 있긴 하더라도, 온화하고 관계 지향적으로 전혀 다른 행동을 보이는 것이다. 이렇게 판이한 행동을 유발하는 근본 원인은 환경의 미묘한 차이에 있는 것으로 보인다.

환경은 생물의 외모를 바꾸는 결정적 원인이지만, 내면과 행동 양식에도 영향을 미친다. 환경의 차이로 말미암아 원숭이의 행동이나 과격성이 바뀔 수 있기 때문이다.

과격한 침팬지, 온화한 보노보

이런 보기는 사람과 가장 비슷한 유전자를 지닌 동물로 알려져 있는 침팬지에게서 찾아볼 수 있다. 침팬지는 유인원으로 구세계 원숭이에 포함되는데, 아프리카 중부에서 주로 산다. 인접한 지역에 사는 일반 침팬지와 보노보, 이 두 종류의 침팬지를 살펴보면 퍽 대비되는 행동을 보인다. 여느 침팬지는 유아 살해를 하는 데 반해, 보노보는 유아 살해를 하지 않고 온화하게 행동하는 것이다.

대개 침팬지 수컷은 격렬히 싸우면서 자신을 과시한다. 우세한 수컷은 짝짓기를 지배하는데, 짝짓기 행동은 새끼를 배게 하는 일 뿐만 아니라 유아 살해까지 포함한다. 수컷은 자기 새끼가 아닌 다른 침팬지 새끼를 죽인다. 다음에 태어날 자기 새끼의 경쟁자까지 미리 없애는 셈이다. 속수무책인 암컷은 제 새끼가 죽는 걸 지켜보면서 울부짖다가 결국 새 우두머리에게 몸과 마음을 바쳐야 한다.

보노보는 같은 성별끼리 유대 관계가 강하다. 인척 관계가 아니라도 사이가 좋아서 집단 안에서 무모하게 충돌하는 일이 흔치 않다. 보노보는 짝짓기 행동이 자유로워서 여러 마리의 수컷이 암컷과 관여하기 때문에 확실한 아버지를 찾아내기 어렵다. 수컷 입장에서 보면 아버지로서의 정체성이 모호한 셈이다. 따라서 침팬지처럼 유아 살해 행동을 하지 않고, 암컷들이 새끼를 보호하고 양육할 때 서로 돕는다. 보노보가 유아 살해 행동이 없고 치열한 싸움도 벌이지 않는 온화한 행동 양식을 지니게 된 것은 구성원들의 강한 유대 관계에서 비롯된 측면이 크다.

왜 침팬지가 보노보 무리 같은 협력 체제를 갖추지 못했는지는 서식지의 환경에서 답을 찾을 수 있다. 침팬지와 보노보는 모두 아프리카 자이르 강 유역의 열대림에서 산다. 흔히 침팬지는 강의 북쪽, 보노보는 남쪽에서 산다.

오늘날에는 두 종의 서식지가 꽤 비슷해 보이지만 250만 년 전 자이르 강 남쪽에 긴 가뭄이 들면서 고릴라가 좋아하는 식물들이 시들어 버렸다. 그래서 영장류들이 그곳을 떠나게 되었는데, 가뭄이 끝나고 다시 숲이 형성된 다음에도 고릴라는 돌아오지 않았다. 그 덕에 강 남쪽의 침팬지 종류인 보노보 무리는 충분한 넓이의 숲을 차지하게 되었고, 고릴라가 먹던 섬유질 많은 먹이와 나무 열매까지 저희 것으로 확보할 수 있었다. 풍요로운 환경 속에서 보노보가 한결 여유를 갖게 된 것이다.

그러나 강 북쪽에서는 그쪽으로 옮겨 간 고릴라와 예전부터 거기에서 살던 침팬지가 먹이와 서식지를 나누어야 했다. 덩치가 큰 고릴라에게 밀린 침팬지는 궁핍한 처지로 몰리면서 어떻게든 살 길을 찾아야 했으므로 먹이도 좀 바꾸어야 했다. 그래서 때때로 고기도 먹게 되었다. 암컷 침팬지는 먹이를 찾기 위해 새끼와 떨어지는 시간이 길어졌다. 이로 말미암아 유대 관계를 형성할 시간이 모자라게 되었다. 자원 부족으로 무리 사이의 사랑도 결핍되면서 침팬지는 수시로 격앙된 행동을 하게 되었다. 이런 변화는 이 동물을 좀 더 사납게 만들었고, 침팬지는 자기 이익을 좇으면서 공격성을 강화했다. 이렇듯 환경의 미묘한 차이는 생물의 행동을 결정하는 한편 진화의 원인이 된다.

먹이나 공간 부족 상태가 해결될 실마리가 안 보이면 동물 사이에 생존 경쟁이 극심해진다. 무슨 수를 써서라도 살아남기 위해 동물들은 저마다 해결책을 찾으면서 갈등이 잦아진다. 따라서 자신의 유전자를 우선 보호하는 수단이 강화되고, 이로 말미암아 유아 살해 행동이 관습으로 이어진 것으로 보인다.

대머리원숭이 또한 좋은 서식지의 환경으로 말미암아 온화한 성품을 지니게 된 동물로 보인다. 대머리원숭이는 유아 살해 행동을 하지 않고 수컷도 함께 새끼를 돌보며 서로 배려하는 행동을 한다. 이들은 아마존 밀림 중에서도 습지에서 산다. 그래서 혹독한 가뭄 같은 심한 환경 변화를 겪지 않았고 먹이가 부족할 때가 별로 없었다.

대머리원숭이는 풍요로운 자의 여유를 갖추었지만, 적극성과 적응력이 모자라서 광범위한 지역에서 살지는 못한다.

매서운 겨울바람에도 꿋꿋한 일본원숭이

그렇다면 일본원숭이의 평화로운 사회 운영 또한 풍요로운 환경 덕분일까. 가만히 보면 그것도 아니다. 일본원숭이는 혹독한 기후 조건을 이겨 내야 하기 때문이다. 다른 원숭이들과 비교할 때 일본원숭이는 이성적 성향이 두드러진다. 일본원숭이는 온화한 기후의 일본 남쪽부터 혼슈 북쪽의 산악 지대에 걸친 광범위한 지역에서 서로 다른 환경에 적응해 살아간다. 다사다난 속에서 유구한 세월을 보낸 것은 이들의 타고난 운명이다. 이들은 상록활엽수림에서도 살고 낙엽활엽수림에서도 산다. 아고산대의 낙엽수림과 아한대의 상록침엽수림에 이르기까지 해발 1500미터 이하의 다양한 숲에 걸쳐서 산다. 열대에서 사는 많은 원숭이와 달리 이들이 겪는 기후 변화는 극심하다.

아한대의 숲에서는 혹독한 겨울 추위와 먹이 부족 사태가 해마다 되풀이되기 일쑤다. 제 한 몸 추스르기도 쉽지 않다. 그럼에도 일본원숭이는 제 자식인지 아닌지 확신할 수도 없는 새끼들까지 거느리고 갖은 풍상을 겪는다. 이들은 눈 덮인 산 속을 헤매기도 해서 '눈원숭이'라고도 부른다.

일본원숭이는 환경의 제약을 뛰어넘으며 산다. 기후에 대한 내성의 폭이 넓을 뿐 아니라 먹이 적응력이 크다. 눈앞에 보이는 웬만한 것은 그냥 먹어 대면서 어렵더라도 되도록 함께 사는 공동체 생존 전략을 쓴다. 일본원숭이가 즐겨 먹는 것은 열매다. 남쪽 지방에서 사는 일본원숭이는 계절 차가 크지 않아서 몇 가지 열매를 한 해 내내 먹을 수 있다. 그러나 기후 변화가 큰 중부와 북부 지방의 일본원숭이는 철 따라 쉽게 얻을 수 있는 것을 주로 먹는다. 이를테면 봄여름에는 어린잎과 꽃, 싹을 먹는다. 가을에는 주로 열매를 먹고, 먹을 게 많지 않은 겨울에는 나무껍질과 뿌리도 먹는다. 씨앗이나 곤충을 먹을 뿐 아니라, 물속의 게도 잡아먹는다. 들판의 곡식은 말할 나위 없고, 새알을 먹는가 하면 심지어 곰팡이도 먹는다. 그래서 혹독한 환경 속에서도 잘 살아남는다.

먹이 조건이 까다롭다 보면 생존력이 떨어지고 경쟁도 심해져서 서로 보살필 겨를이 없어진다. 여유가 없을 때에는 서로 손해 보기를 꺼리며 대립하기 쉽다. 이렇게 되면 용서와 평화가 멀어지고 불안감이 무리 전체를 휩쓸 수 있다. 일본원숭이의 먹이 전략은 이런 불안 요소가 끼어들 틈을 최소화한다.

일본원숭이는 겨울밤에 나뭇가지만 앙상하게 남아 있는 낙엽수에서 잠을 잔다. 침엽수림에서는 바늘잎 위에 쌓인 눈을 맞아 체온이 떨어질 염려가 있기 때문이다. 이들은 몸에 난 털과 체지방으로 단단히 준비를 하고 겨울을 맞이하기 때문에 매서운 바람에도 주눅이 들지 않는다. 겨울에는 햇볕을 많이 쬔다. 체온 유지를 위해서다. 날씨가 추우면 온천에 들어가서 목욕을 즐기기도 한다. 일본원숭이의 환경 적응력은 남다른 데가 있다.

　일본원숭이는 조직 운영과 갈등 해결법도 남다르다. 무조건 경쟁을 배제한 채 일사불란하게 처리하는 것이 아니다. 이들은 쌍방향으로 의사소통을 한다. 상명하복이 아니라 강자의 배려가 있다. 먹이 경쟁은 자연스러운 일이고 힘겨루기는 으레 있는 법이다. 그래야 더 강해지고 새로운 방법을 찾을 수 있다. 의견이 행동으로 개진될 때 발전의 기회도 오는 것이다. 일본원숭이는 이성이 발달한 편이다. 긍정 에너지로 자신감이 커지고 포용력도 커진 덕분이다. 사실 동물에게 이성을 기대하는 것은 무리다. 아무리 똑똑한 원숭이라 할지라도 생존의 1차 조건이 충족되지 않은 상태라면 본능을 따른다. 그러나 일본원숭이 무리는 가난한 공동체처럼 알뜰히 먹고 여유 있는 마음으로 행동한다. 이들은 서로 먹이 경쟁을 줄이며 협력 체제를 구축해 성공한 집단이 되었다. 일본원숭이의 이성적 성향과 행동은 환경의 압력을 뛰어넘은 것이다. 동물로서는 대단한 행동 진화다.

다양성 인정하는 조화로운 삶

 일본원숭이는 순혈주의를 고집하기보다 다양성과 개방성에 눈을 떴다. 이들은 스스로 집단 내의 근친 교배 확률을 줄여서 열성 인자의 출현 빈도를 낮추었다. 그 결과 번성에 유리한 방향으로 진화할 수 있었다. 생각이나 행동을 틀에 가두지 않고 자유롭게 펼치며 환경 적응력을 높인 셈이다.

 일본원숭이 암컷은 지난 4~5년 동안 짝을 이룬 수컷과는 다시 짝짓기를 싫어한다. 같은 영역에 오래 머문 수컷은 당연히 짝짓기 하기가 차츰 힘들어진다. 그래서 한 지역에 오래 머문 수컷은 다른 무리로 옮겨 갈 수밖에 없다. 이런 특성은 유전적 다양성이 높아지는 결과로 이어져서 일본원숭이를 좀 더 건강한 집단으로 만들었다.

 짝짓기 하는 생물은 다양한 유전자를 획득하게 되어 환경의 변화에 새롭게 적응하고 번성할 기회를 맞을 수 있다. 짝을 짓는다는 것은 정자와 난자 세포에 들어 있는 유전자가 쌍으로 합쳐지면서 온전한 세포를 만드는 일이다. 수정이 될 때 정자와 난자의 유전 정보 모두에 결함이 있을 가능성은 적다. 따라서 어느 한쪽에 결함이 있어도 다른 쪽의 정보에 따라 수정, 보완할 수가 있다. 그중에서 우세한 유전자가 나오든지, 중간 형질로 나타나든지, 공교롭게 열성 형질끼리 만나 드러나든지 한다.

짝은 기업 사이에도 짓는다. 불확실한 경제 환경 속에서 적응력을 얻기 위한 것이다. 유사 업종이지만 전문성과 독자성이 차별되는 기업끼리 짝짓기를 하는 것은 흔한 일이다. 무한 경쟁 시대에는 규모가 경쟁력일 때도 있어서 인수 합병으로 덩치를 키워 세계 무대에서 밀리지 않으려는 전략을 세우기도 한다. 그러나 자칫 커진 덩치 때문에 산업 환경 변화에 발 빠른 대응을 하기 어려울 수도 있다.

개인이든 기업이든 국가든, 협력할 짝을 찾는 것은 바로 생물이 짝을 찾아 자신의 단점을 보완하는 전략과 다름없다. 살아남기 위해 도움이 될 만한 대상과 짝을 짓고, 혼자 해결하기 힘든 다양성과 안정성 확보에 힘을 쏟게 되는 것이다. 이른바 윈윈win-win 전략이다. 차이를 인정하면서 서로 돕고 북돋는 것은 좋은 일이다. 그래서 결혼 상대를 잘 찾는 것 또한 중요하다.

본디 짝짓기는 힘의 확보보다는 다양한 우전자를 획득해 적응력을 높여 열악한 환경에서도 생존율을 높이는 데 목적이 있다. 자연 생태계에서 성은 바로 이런 목적으로 출현한 것이다.

암컷이 주도하는 짝짓기의 평화

일본원숭이 암컷이 다른 무리의 수컷을 받아들여 짝짓기 하는 것은 다양한 유전자를 얻을 수 있는 기회일 뿐 아니라, 그들의 새로운 행동이나 습관을 받아들이는 기회이기도 하다. 어느 한 무리에서 습득한 우세한 환경 적응력이 무리로 퍼져 나가며 학습 효과로 이어지곤 한다. 이들은 저희끼리의 세계에 갇히면 적응력이 약해지고 변화하는 힘을 잃을 수 있다는 것을 아는 듯하다.

일본원숭이는 저희가 바라는 평화가 무리 내부만이 아니라 무리 밖에서도 필요하다는 것을 깨닫고 폐쇄성에서 벗어났다. 무리들 간에는 세력권 과시와 힘겨루기가 있기 마련이다. 그럼에도 일본원숭이는 침입자를 배척하지 않았고 개방적 사고로 받아들이면서 갈등을 사전에 봉합할 수 있었다. 조직의 번성에 커다란 영향을 미칠 수 있는 이런 교류가 묘하게도 짝을 선택하는 암컷의 의도에 따라 이루어졌다. 일찌감치 다문화사회에 눈을 뜬 것이다.

방어를 강화하면 닫힌 사회가 되기 쉽다. 방어란 외부의 공격에도 흔들림 없이 내부 시스템을 원활히 유지하기 위한 대응이다. 내부의 요소들이 유출되는 것을 막아야 하고 외부 공격에 의해 시스템의 혼돈이 일어나는 것을 막아야 하므로, 고립되고 폐쇄된 상태에서는 사회가 경직되기 쉽다. 이에 따라 닫힌 사회는 내부 혼란이 더 두드러지게 되고, 발전이 더뎌지며 현상 유지에 급급하게 된다.

일본원숭이는 이런 답답함을 벗어 던졌다. 편협한 민족주의며 지역 이기주의의 담장을 허물어뜨린 것이다. 일본원숭이 암컷이 원하는 평화는 저희가 속한 울타리를 넘어 더 넓은 곳으로 향했다. 무리 안에서 평화가 유지되더라도 외부의 도전이나 침략이 있으면 평화는 쉽게 깨진다. 전쟁터에는 영웅이 있기 마련이다. 우두머리 수컷이 벌이는 전쟁 뒤의 잔치판에는 피비린내 나는 희생 제물이 따를 수밖에 없다. 일본원숭이 암컷은 그럴 때 가장 먼저 제 새끼들이 위험하다는 것을 안다. 그렇다고 새끼들을 거느리고 여기저기 옮겨 다니는 것이 방책이 되기는 어렵다. 암컷은 다른 므리의 수컷을 자연스레 받아들임으로써 이 문제를 해결할 수 있었다.

일본원숭이는 지능이 발달해서 상대의 생각을 읽고 속임수까지 쓴다. 그만큼 암컷의 꿍꿍이속을 알아차리기란 쉽지 않다. 이들은 먹이 활동뿐 아니라 오락에도 많은 시간을 쓴다고 알려져 있다.

일본원숭이 말고도 암컷이 수컷의 공격성을 누르는 보기는 더러 있다. 구세계 원숭이에 속하는 붉은콜로부스 암컷은 수컷과 몸 크기에서 차이가 별로 없다. 이들은 여럿이 힘을 모아 유아 살해를 막고 새로운 대장 수컷을 몰아내기도 한다.

__ 원숭이 엉덩이는 왜 빨갈까?

이처럼 부계 사회에서 암컷들은 유대를 맺어 반란을 일으키는 것은 물론 치밀한 미인계로 제 새끼를 보호하기도 한다. 암컷의 몸 크기가 수컷의 반이나 3분의 1밖에 안 되는 올리브바분이 그렇다. 작은 몸집의 올리브바분 암컷은 한껏 매력을 보이며 사납고 거친 수컷으로부터 제 새끼를 지키고 새로운 수컷과 무난하게 무리를 유지한다. 올리브바분은 발정기에 이른 암컷의 엉덩이가 빨갛게 부풀어 오르는 정도가 원숭이를 통틀어 가장 두드러지는 종이다. 수컷은 엉덩이가 많이 부풀어 오르는 암컷에게 더 매력을 느낀다. 이런 암컷이 새끼를 가질 확률이 더 높다. 그래서 차츰 짝짓기 준비 신호가 뚜렷한 암컷의 유전자가 우세하게 되었다. 이들은 젖을 분비 중인 암컷과 수컷 사이에도 신뢰 관계가 있으며, 이성끼리 우정을 유지하는 특징이 있다. 올리브바분 무리에서는 유아 살해가 좀처럼 일어나지 않는다. 몸 크기와 관계없이 이성을 포용하는 올리브바분을 보노라면, 외모 지상주의가 떠오르기도 하지만, 그들 나름으로 양성 평등을 유지하는 듯하다. 그렇다면 올리브바분은 원숭이 중에서도 사고의 폭이 넓은 종류일 가능성이 높다.

 엉덩이의 피부색 변화는 특히 유인원을 포함한 몇몇 구세계 원숭이 암컷에서 두드러지는 현상이다. 이들 암컷은 발정기에 들어가면 호르몬의 변화가 일어나면서 배란을 한다. 이때 생식기 피부가 혈액량의 증가로 부풀어 오르면서 두드러져 보이고 밝은 홍색을 띤다. 엉덩이 피부에 변화가 일어나면 냄새를 풍기게 된다. 이 냄새를 맡고 발개진 엉덩이를 본 수컷은 흥분하게 되고, 그 암컷에게 여느 때와 다른 친절을 베푼다.

구세계 원숭이 중에서 긴꼬리원숭이 종류는 잘 주저앉을 수 있게 엉덩이가 딱딱하고 털이 없어서 색깔 변화가 잘 드러난다. 딱딱한 엉덩이는 나뭇가지나 바위에서 잠자거나 앉아 있으면서 오랜 기간 적응한 결과일 것이다. 그러나 신세계 원숭이 중남미 대륙에서 사는 원숭이 에게는 이런 특징이 없다.

일본원숭이 암컷도 엉덩이 색깔 변화가 두드러지는 종류에 속한다. 일본원숭이는 긴꼬리원숭이 종류에 속하지만 꼬리가 짧다. 일본원숭이 암컷도 엉덩이의 변화가 짝짓기에 영향을 미친다. 그러나 이들은 짝짓기와 관련해서도 이미 개방성과 다양성에 눈을 떴다. 이것이야말로 우두머리 수컷이 지배하는 사회에서 혁명이라고 할 만하다.

모든 영장류는 윗몸을 꼿꼿이 세울 수 있어서 자세가 당당해 보인다. 호랑이나 치타 같은 동물은 쇄골이 좁은 반면에 영장류는 쇄골이 벌어지고 넓어지면서 윗몸을 펴는 자세를 취할 수 있게 되었다. 일본원숭이의 태도가 안팎으로 떳떳해 보이는 것은 당연지사다. 영장류는 네 발로 걸을 수도 있지만 흔히 나무를 잘 탄다. 이는 공 모양의 유연한 어깨 관절과 강한 쇄골 덕이다.

살벌한 세상에서 일본원숭이의 넉넉한 마음은 한결 돋보인다. 이들은 삼림 벌채로 서식지가 줄어든 데다, 동료들이 포획되는 것을 목격하면서도 성급해지거나 난폭해지지 않고 소중한 삶을 감사히 꾸려가고 있다. 현재 일본원숭이는 생존을 위협받는 종의 목록에 포함되어 있다. 그러나 이들은 원망과 미움에 자신을 가두지 않고 여전히 가치 있고 아름다운 시간을 보내고 있다.

갖가지 첨단 전자통신장치가 동원되지만 소통의 부재로 단절되고 파경에 이르는 인간사회 한쪽에서 일본원숭이 무리는 한 수 높은 감성사회의 본보기를 보여주고 있다. 일본원숭이 무리는 다양한 가치를 인정하며 조화를 이룬 사회다. 약자를 배려하는 마음이 있고, 새끼가 독립할 때까지 암수가 서로 세심히 보살핀다. 가엾이 여기는 마음은 곧 어짊과 통하는데惻隱之心, 일본원숭이에게는 어진 마음仁이 하나의 천성인 듯하다. 일본원숭이는 지금도 배우고 사랑하고 재미있는 일에 빠지면서 두근거리는 삶을 산다.

5 박쥐는 진정한 '기회주의자'

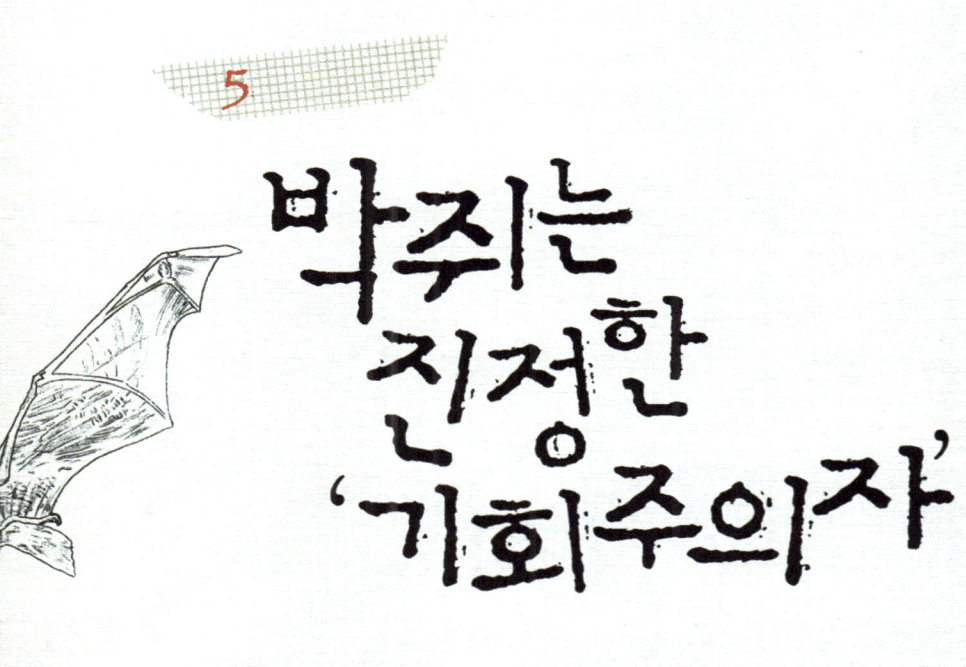

박쥐는 날아다니는 포유동물이다. 하늘다람쥐처럼 앞다리와 뒷다리 사이의 피막을 그대로 편 채 활공하는 날다람쥐 종류가 있긴 하지만, 박쥐 이외에 날개가 있거나 제대로 날아다니는 포유동물은 없다.

　박쥐는 남극을 제외한 전 대륙에 걸쳐 약 1천 종이 다양한 생태적 지위를 차지하면서 생존하고 있다. 특히 열대 지역에서는 다른 포유동물 전체 종수를 합한 것보다 더 많은 종류가 산다. 포유동물 가운데 40퍼센트에 해당하는 설치류 다음으로 많아서, 포유동물의 20퍼센트쯤을 차지하고 있다.

　박쥐목은 작은박쥐와 큰박쥐 두 종류로 크게 나뉜다. 벌레를 잡아먹는 박쥐는 모두 작은박쥐에 속하는데, 남극을 제외한 전 대륙에 분포한다. 큰박쥐는 열대에서 살고 주로 열매, 꽃꿀, 꽃가루 등을 먹는다. 큰박쥐 종류는 아시아, 아프리카, 오스트레일리아에 있고 아메리카 대륙에는 없다. 큰박쥐 종류는 과일박쥐 한 과로 이루어져 있으며, 약 175종이다. 800종이 넘는 나머지는 모두 작은박쥐에 속하는데, 16과로 나뉜다.

　최근의 분자유전학 분석 자료에 따르면 현존하는 박쥐 종류는 조상이 같다. 신생대의 에오세 5480만~3370만 년 전 초기부터 4종의 작은박쥐 종류가 나타난 것으로 추정되는데, 현재 1천 종류에 이르는 점을 고려하면 퍽 놀라운 일이다. 박쥐는 현생 포유동물 중에서도 가장 오래된 종에 속한다.

5천만 년을 이어온 박쥐

흔히 포유동물은 레드오션에서 갖가지 환경 저항에 시달리며 끊임없이 생존 경쟁을 벌인다. 이와 달리 박쥐는 뚜렷한 경쟁자가 없는 블루오션에서 아직도 떵떵거리고 있다. 박쥐가 배를 주리며 어느 구석에서 꾀죄죄하게 연명하고 있을 거라고 생각하면 오산이다. 박쥐는 5천만 년이 넘는 동안 다른 포유동물에 밀리지 않고 번성을 이어 오고 있다.

    4억 년 전쯤에 나타난 것으로 알려진 상어와 박쥐를 비교하는 것은 형평에 맞지 않는다. 상어는 스트레스가 적으며 환경 변화가 그다지 심하지 않은 넓은 곳에서 다양한 몸집 크기로 살아간다. 이와 달리 박쥐는 좁은 곳에서 수많은 생물들과 먹이와 공간을 경쟁하며 기후 변화를 겪고, 적들이 공격하면 피난처를 찾아야 하는 조건 속에서 산다. 이런 박쥐가 번성을 계속하고 있다는 것은 칭송받을 만한 일이다.

　환경은 끊임없이 변한다. 이에 따라 생존 전략을 달리하는 생물들이 지구에 나타났고, 진화해 왔다. 그중에서도 박쥐가 어떻게 출현 초기에 세운 전략으로 꾸준히 경쟁 우위를 확보할 수 있었는지 살펴보는 것은 흥미로운 일이다. 박쥐의 전략은 일관된 실속 찾기에 있었다. 잠시 성공의 기회가 찾아왔다고 함부로 우쭐대다간 큰 코 다치기 딱 좋다. 무엇보다 박쥐의 성공 비법은 변함없는 적응력에 있다. 과욕을 앞세운 외형 확장 전략보다는 환경 변화에 세밀한 감각을 잃지 않은 데 있다는 얘기다.

　박쥐의 발달한 두뇌와 감각은 환경 변화에 대비책을 세워 번성하는 발판이 되었을 것이다. 자기 실체를 거창하게 드러내다가는 자칫 공격받기 쉽고 실속을 챙기기 어렵다. 박쥐는 70퍼센트가 야행성 식충동물로 살아간다.

　박쥐에게는 독특한 위험 회피 전략이 있다. 작은 몸집임에도 대형 포유동물처럼 새끼를 하나만 낳는 소산소사小産小死의 '사망 회피 전략'을 따른다. 무작정 튀는 전략도 아니고 소신 없이 유행 따라 다른 동물들의 행동을 모방하는 전략도 아니다.

　자기다움에 승부를 거는 것은 경쟁 우위 전략이 될 수 있다. 박쥐의 차별화는 특기 개발과 역량 집중에서 나온 것이다. 박쥐는 강한 경쟁자와 충돌하는 일을 피하고, 주변에서 쉽게 얻을 수 있는 먹이를 찾았다. 그러면서 특수한 생존 방식을 개발했다. 이에 따라 박쥐는 생김새와 사는 방법이 다양해졌고, 여러 종류로 나뉘며 함께 번성했다.

만약 많은 박쥐가 같은 곳에서, 같은 먹이를, 같은 때에 먹으려고 하면 서식지와 먹이 경쟁이 심해질 수밖에 없다. 그러면 강한 박쥐가 살아남고 약한 박쥐는 밀려나기 마련이다. 이를 '경쟁적 배제의 원리' 혹은 '가우스의 법칙'이라고 한다. 마치 어느 지역에서 사람들이 같은 직업을 택하려고 하면 그 가운데 몇몇 사람만 일자리를 얻고 나머지는 실업자 신세가 되는 것과 같다.

시간이 지나면서 경쟁 관계에 있던 박쥐들은 우여곡절을 겪으며 각자의 특기를 키웠고 공존의 틀까지 찾았다. 그리하여 모두가 조금 더 행복에 가까워지는 박쥐사회가 꾸려졌고 이 방식은 출현 초기부터 지속되어온 그들 사회의 운영 철학이 되었다. 직접적인 충돌을 최소화하면서 서식지를 바꾸거나 다른 먹이를 찾거나 출현 시기를 바꾸는 식으로 행동과 생리 적응을 달리하여 경쟁을 줄이고 함께 살 수 있게 된 것이다.

생태계는 '공존'을 위해 노력한다

자연 생태계에서는 저마다 특수해지면서 경쟁 관계에서 공존 상태로 들어가는 보기가 드물지 않다. 1950년대에 시카고 대학교에서 곡물의 해충인 거저리 두 종류를 실험한 적이 있다. 이들을 쌀 항아리에 함께 넣었더니 먹이 경쟁에서 진 쪽은 사라지고 한쪽만 살아남았다.

그러나 생태계에서는 두 종류가 함께 살아갔다. 물론 서식지가 넓어지면서 직접 경쟁을 피했을 가능성이 많지만 어떤 경우든 자연계에서 공존하는 생물들을 보면 저마다 특화한 방법을 쓴다.

같은 나무에서 먹이를 얻는 생물들도 서로 다른 생태적 지위를 차지하며 공존하는 일이 많다. 잎을 먹는 생물이 있는가 하면, 수피나 수액을 먹는 생물도 있는 것이다. 소와 나방 유충은 둘 다 풀을 먹지만 생태적 지위가 다르다. 서식지가 겹치더라도 표범이 사자보다 좀 더 작은 먹이를 잡아먹으면서 공존한다. 아프리카 사바나에서 기린, 코끼리, 얼룩말, 영양은 다른 먹이를 택하거나 먹이의 높이나 먹는 시기를 조절하면서 함께 지낸다. 매와 올빼미는 먹이가 비슷하지만, 매는 낮에 사냥을 하고 올빼미는 밤에 사냥을 하면서 경쟁을 피한다.

황새목에 속하는 가마우지는 벼랑 위에 해초나 마른 풀로 둥지를 틀고 산다. 비슷한 생활 습성을 지닌 가마우지 두 종류가 같은 곳에서 사는 경우도 있다. 쇠가마우지는 주로 편편하고 넓은 벼랑 위에 둥지를 만들고 좁은 강어귀의 물고기를 먹으며, 바다가마우지는 좁은 벼랑 위에 둥지를 만들고 바닷물고기를 먹어 충돌을 피한다. 모두 공존을 위한 노력이다. 이렇듯 밀접한 종일지라도 생물들은 경쟁을 최소화하면서 공존하는 전략을 펼칠 때가 많다. 이는 잘 발달한 생태계에서 볼 수 있는 특성이다. 사람살이에도 전략은 필요하다. 아무 전략 없이 남 하는 대로만 따르다가는 치열한 경쟁 사회에서 쪽박 차기 십상이다.

　더불어 살기 위한 조건 가운데 중요한 것 하나는 자신의 특성을 확보하고 서로 차이가 나는 채로 살아가고 협력하는 것이다. 협력까지는 가지 않더라도 상대에게 해를 주지 않고 살아가는 것이다. 서로 원하는 것이 같으면 충돌을 피하기 어렵지만, 원하는 것이 달라지면 돕는 관계가 되기도 한다. 자연계가 냉혹한 법칙만 성립되는 곳은 아니다. 먹느냐 먹히느냐, 이겨서 살아남느냐 져서 사라지느냐, 하는 단위만 있는 것이 아니라는 얘기다. 흔히 자연 생태계는 형성 초기를 지나면 서로 함께 살 수 있는 방향으로 흐른다.

　박쥐의 종류가 많아진 것은 경쟁을 거치면서 자신을 특수화하고, 함께 사는 전략을 취한 까닭이다. 박쥐는 오랜 세월에 걸쳐 끊임없이 변한 지구 환경 속에서도 놀라운 적응력으로 끄떡없이 버텨 냈다. 남이 보기에는 고만고만해서 무슨 차이가 있을까 싶지만, 저희 나름으로 또렷한 독자성을 가짐으로써 박쥐 전체가 다양해졌다. 박쥐 사회에 수많은 전문가가 생겨난 것이다.

　도시가 처음 생길 때에는 직업의 종류가 많지 않다. 그런데 사람들이 모여들고 경쟁이 심해지면 직업은 세분화된다. 이를 생태학 용어로 지위의 분화 Niche differentiation 라고 한다. 생태계에서는 다양한 생물들이 모여 서로 다른 방식으로 살면서 조화를 이루며 무르익어 간다. 서로 다른 것이 아주 많아지고 복잡해질수록 생태계 전체는 협력 속에 안정된다. 우리 사회에서 직업이 세분되면서 여러 전문가의 도움이 수시로 필요해진 것과 마찬가지다.

박쥐의 생존 전략은 치밀하고 독특하다. 박쥐는 경쟁자와 포식자를 피하면서 쉽게 먹이를 얻고 안전하게 번식하는 비결이 있다. 어떻게 움직일 것이며 그러려면 무엇이 발달해야 하고, 어떤 먹이를 언제 어떻게 얻고, 어느 곳을 서식처로 삼을 것인지, 세밀하고 다양한 항목이 여기에 포함된다.

__ 자기다움에 승부를 건 박쥐의 진화

생물은 진화한다. 어떤 생물이든 주어진 조건에 가장 잘 적응한 유전자형이 자연선택Natural selection된다. 환경은 늘 바뀌기 때문에 시간이 지나면서 개체군 내 대립 유전자들의 비율이 달라진다. 이런 원리 속에서 지역에 따라 그리고 환경에 따라 외모나 행동에 조금씩 차이가 생긴다. 그 결과 세분화되고 특수화되면서 다양한 종으로 분화하는 것이다.

물론 생물이 자기 의지대로 외모를 바꾸고 그 특성을 자손에게 물려줄 수는 없다. 그러나 자신에게 일어난 돌연변이를 기회로 삼으려는 의지가 없으면 새로운 변화를 기대하기는 어렵다. 박쥐는 더 나은 삶을 위해 끊임없이 노력했고, 주어진 기회를 발전의 발판으로 삼았다.

박쥐에게 기회가 찾아온 시기는 다른 포유동물들이 번성하기 시작한 때와 일치한다. 중생대 동안 포유동물은 공룡들 틈새에서 기를 못 펴고 살았다. 쥐구멍에도 볕 들 날 있다고 이들 포유동물에게 반전의 기회가 왔다. 신생대에 들어서면서 환경이 크게 바뀐 것이다. 포유동물은 공룡을 사라지게 만든 엄청난 환경 변화 속에서도 살아남았다. 강력한 경쟁자가 사라진 뒤 포유동물은 눈앞의 번성 기회를 놓칠세라 드넓은 공간을 대뜸 꿰차고 들어앉았다. 다양한 생존 전략으로 전 지구를 덮으며 포유동물의 시대를 연 것이다. 생활 패턴은 대부분 낮에 활동하는 것으로 바뀌었다. 그러면서 몸집을 키우고 포유동물끼리 치열하게 경쟁하였다. 환경 변화를 견디지 못하거나 새로운 경쟁자에 밀려 멸종하면, 지구 무대 위에는 영락없이 새로운 종이 나타났다. 이렇게 생태계는 다양한 종으로 진화를 거듭했다.

빙하기 한때를 거들먹거리던 거대한 몸집의 마스토돈이나 동남아시아에서 살던 대형 영장류인 기간토 같은 여러 생물은 화석으로 남아 있다. 만약 박쥐가 자기 특성을 찾아 나서지 않고 서로 충돌해 센 놈만 살아남게 되었다면, 센 놈은 더 세지기 위해 몸집을 불리겠다고 나섰을 것이고, 지금처럼 종류가 다양해지기는 어림없었을 것이다. 그러나 박쥐는 이 와중에도 큰 틀에서 초기 종의 습성을 그대로 유지하면서 환경 변화에 맞춰 적절히 자신을 바꾸었다.

이런 것을 보면 박쥐는 한 밑천 두둑이 잡았다가 끝내는 빈털터리로 물러날 생물종이 아니다. 박쥐의 생존 전략은 처음부터 제대로 수립된 것으로 보인다. 중생대와 신생대 초기의 포유동물이 흔히 곤충을 먹잇감으로 택한 것처럼, 대부분의 박쥐는 여전히 먹이 종류를 늘이거나 몸집을 불리지 않은 채 식충동물로 살아간다.

박쥐는 현생 포유동물 중에서 가장 오래된 종에 속한다. 전략은 치밀해졌지만 박쥐는 자신의 발전 방향을 몸집 불리기에 두지 않았다. 무절제한 과욕은 없었다. 박쥐 사회에서 정의는 살아남기 위해 남을 누르는 게 아니라 각자 길을 찾아 힘차게 살아가는 것이다. 가로채거나 남을 깎아내리느라 시간과 정열을 탕진하지 않았다. 그 덕분에 힘이 모자라는 박쥐도 눌리지 않고 생존할 기회가 생겼다. 서로 해를 입히지 않는 관계를 유지하며 자연스레 보듬어주는 사회를 이룬다. 이들이 끊임없이 바뀌는 환경 변화에 발맞추어 다양하게 진화할 수 있었던 것은, 갈등하는 데 기력을 쏟는 대신 자기 특성을 찾아내 더욱 강화한 덕택이다.

5천만 년을 이어온 박쥐의 성공 요인은 확고한 자기 신뢰에 있다. 평탄치 않은 세월 동안 거듭되는 부침에도 침착하고 강인했다. 자신의 장단점에 대한 관찰과 천착을 계속하면서 이와 불가분의 관계에 있는 외모와 행동을 독특하게 바꾸어 왔다. 박쥐가 생태계에서 떵떵거리는 힘은 이렇게 쌓인 것이다. 경쟁은 남과 하는 것이 아니라 자신과 하는 것임을 박쥐는 말해 준다.

일할 때와 쉴 때를 아는 박쥐

박쥐는 쉴 때 확실히 쉰다. 낮 동안에는 거꾸로 매달려 휴면 상태로 지내는데, 발톱으로 매달리면 연결된 힘줄이 수축해서 천장에 그냥 붙는다. 이렇게 하면 에너지 소모가 거의 없기 때문에 박쥐는 죽은 뒤에도 거꾸로 매달려 있을 때가 많다. 완벽한 휴식을 취하는 것은 박쥐의 또 다른 번성 요인이다.

　박쥐가 거꾸로 매달리는 것은 다리 힘으로 몸무게를 지탱하고 똑바로 설 수가 없기 때문이기도 하다. 날기 위해서 다리의 무게를 줄이는 방향으로 진화하면서 다리뼈가 아주 앙상하고 약해졌다. 뒷다리는 매우 작고 짧지만, 길이가 비슷한 다섯 개의 발가락에 아래로 구부러진 날카로운 갈고리발톱이 나 있어서 천장 등에 매달리기 좋다.

　이렇게 독특하고 에너지 소모가 거의 없는 방법으로 쉬는 것은 박쥐가 오래 사는 데 도움이 된다는 설도 있다. 박쥐는 몸 크기에 비해 수명이 길다. 대개 몸집이 작지만 야생에서 30년 넘게 살 수도 있다. 평균 수명은 10년에서 25년 정도로 알려져 있다. 몸집이 비슷한 쥐의 수명이 2년에서 4년 정도이고, 다람쥐 수명이 3년에서 6년 정도인 걸 보면, 비슷한 몸집의 다른 포유동물에 비해 박쥐의 수명은 상당히 긴 셈이다.

포유동물의 수명은 대략 몸 크기와 관련이 있다. 몸집이 큰 동물은 더 오래 사는 경향이 있다. 그런데 박쥐는 몸 크기와 수명의 관계가 잘 들어맞지 않는 포유동물이다. 동면과 휴면을 취하는 것이 개체의 에너지 소모를 줄여서 오래 살 수 있게 된 원인이 아닌가 하는 추정이 있다. 포식자의 압력이 별로 없어서 오래 살게 된 것으로 보는 이도 있다. 또 박쥐는 몸 크기에 비하면 적은 수의 새끼를 낳는데, 1년에 한두 마리의 새끼를 낳아 날아다닐 때까지 보살피기 때문에 오래 사는 데 도움이 된다는 말도 있다.

박쥐는 오래 살기 때문에 새끼를 낳을 수 있는 기간도 길다. 이런 생식 전략은 몸집 큰 포유동물의 그것과 같아서 수명 또한 큰 포유동물처럼 늘어난 것이 아닌가 하는 추측도 있다. 가장 오래 산 기록은 몸무게가 7그램밖에 안 되는 어느 작은갈색박쥐가 세웠다. 이 박쥐는 꼬리표를 붙인 지 33년 만에 다시 잡혀 최장수 기록을 보유하게 되었다.

박쥐의 블루오션 전략 중에는 쉬는 법, 나는 법, 먹이 잡는 법이 두루 포함된다. 박쥐는 낮 동안 포식자를 피할 수 있는 보금자리에서 머물다가 밤이 되면 날아오른다. 박쥐는 어둠 속에서도 잘 날아다닌다. 동작이 날렵해, 어둠 속에서 먹이의 위치를 파악하고 낚아챌 수 있는 올빼미라 할지라도 잡기가 어렵다.

박쥐의 생존 전략의 핵심은 날아다니는 방법을 택한 것이다. 박쥐는 이로써 수많은 포유동물 경쟁자를 따돌리고 활동 영역을 확보하게 되었다. 그러나 공중의 강력한 포식자인 새와 경쟁하는 것은 쉬운 일이 아닐 터였다. 어떻게 이들을 피해 살아남을지는 어물쩍 넘길 일이 아니었다. 이 문제와 관련해서 박쥐는 위험을 최소화하는 방식을 택했다. 경쟁자가 많지 않은 밤을 틈타 먹이 사냥에 나서는 것이다. 강한 비상력을 가진 새와의 경쟁을 피할 수 있을 뿐 아니라, 날개의 막이 대낮에 건조해지는 위험도 막을 수 있는 방법이다.

박쥐는 밤보다 더 깜깜한 어둠 속에서 새보다 빨리 날도록 적응했다. 어느 곳에나 따르는 위험을 파악하고 바짝 긴장하며 치밀하게 세운 생존 전략이다. 축축한 열대우림에서 사는 박쥐 중에는 날개의 막이 말라 버릴 위험이 없어서, 마음놓고 낮에 활동하는 종류도 있다.

박쥐의 비행에는 세분화된 전략이 있다 ___

박쥐가 찾은 효율은 독특한 방법으로 나는 것이다. 박쥐는 날기 위해 무엇을 사용할지, 어떻게 적응할지 세분화해서 진화했다. 기업이 운영 전략을 경영, 기술 혁신, 마케팅 등으로 세분화하는 것과 마찬가지다.

　박쥐의 몸은 날개를 빼고는 다른 포유동물처럼 털로 덮여 있어서 날아다니는 쥐처럼 보이기도 한다. 실제로 박쥐는 날개를 갖추고 강력한 힘으로 날 수 있는 유일한 포유동물이다. 어찌 보면 박쥐는 손으로 난다는 표현이 옳다. 박쥐의 손은 발과는 전혀 다른 생김새로 변형되어 날개를 이루고 비행이 가능하도록 적응했다. 매우 길게 늘어난 네 개의 손가락에 얇고 탄력 있는 피부막이 덮여 있다. 실핏줄이 다 보이는 이 막은 팔다리와 옆구리에 연결되어 날개를 형성한다. 그렇다고 손을 날개로만 쓰는 것은 아니다. 아주 작은 엄지 끝에는 작은 손톱이 달려 있어서 박쥐가 살금살금 움직일 때나 먹이를 다룰 때 사용한다. 새로서는 꿈도 못 꿀 일이다. 박쥐의 손목은 신축성이 좋아서 날개를 부채처럼 접거나 펼칠 수 있다.

　많은 박쥐의 피부막은 두 다리와 꼬리까지 덮고 있기도 하다. 꼬리의 막은 먹이를 거르는 주머니처럼 사용되기도 한다. 꼬리와 날개의 막은 얇아서 쉽게 찢어질 듯이 보이지만 탄력이 좋아 고무장갑보다 더 질기다. 때로 박쥐 날개가 찢어져 구멍이 날 때가 있지만 복원력이 뛰어나서 상처가 빠르게 치유된다. 박쥐는 곤충에 다가간 다음 날개를 쭉 뻗어 주머니를 형성한 꼬리의 막 속으로 곤충을 몰아넣는다. 잡은 뒤에는 날아가면서 머리를 구부려 꼬리 주머니에 잡힌 곤충을 먹는다. 또 날개에 붙은 곤충을 바로 잡아먹기도 한다.

　박쥐는 얼떨결에 날게 된 포유동물이 아니다. 박쥐는 종류에 따라 날개의 크기와 모양에 차이가 있다. 비행 전술도 다르다. 박쥐는 나는 것에도 효율성에 승부를 건 동물이다. 몇몇 종은 둥글넓적한 날개를 움직이며 공중에서 정지 상태로 있을 수 있다. 이런 자세는 특히 식물의 꽃꿀이나 꽃가루를 먹이로 삼는 박쥐에게 유용하다. 그러나 개방된 공간에서 먹이를 잡는 박쥐들은 빠른 속도로 날아가기 위해 좁다랗고 긴 날개를 갖고 있다. 이들은 장거리를 날 수 있지만 날개 조작이 자유롭지 못해 공중에서 멈추지는 못한다. 대개 박쥐의 날개는 넓고 둥근 큰 날개와 빨리 날기 위한 좁다랗고 긴 날개의 두 가지 극단 사이에 놓인다.

박쥐가 날기 위해 핵심 역량으로 키운 것 가운데 하나가 가슴 근육이다. 박쥐는 단단한 가슴으로 강한 근육을 수용하며 경쟁 우위를 확보했다. 동물은 필요에 따라 턱 근육이나 다리 근육 또는 가슴 근육을 발달시킨다. 그 가운데 박쥐는 가슴 근육이 발달되어 있어서 오랫동안 날 수 있다. 더러 박쥐를 식용으로 잡는 사람들이 있는데, 그들은 아마 박쥐의 가슴살을 즐길 것이다. 다른 부위야 얄팍해서 뜯을 것이 별로 없을 테니 말이다. 박쥐는 비행하는 동안 어깨와 가슴이 두 날개 사이에서 중력의 중심부를 유지하기 때문에 효율적으로 날 수 있다. 몸의 끝과 꼬리에 이르는 부분은 가슴과 등에 비해 작다.

박쥐의 효율성 전략의 또 다른 축은 특이한 뼈 구조다. 엉덩이 연결 부위에서 다리뼈 전체를 180도 회전할 수 있어서 나는 자세를 취할 때 박쥐 뒷다리의 무릎이 뒤쪽으로 구부러진 모습이 된다. 매달려 있다가 다리를 회전시켜 몸의 방향을 틀지 않고도 앞으로 곧바로 날아갈 수 있는 것은 이 때문이다. 뼈의 구조가 독특해서 민첩한 행동이 가능한 셈이다. 박쥐는 천장에 거꾸로 매달려 쉬고 있다가 급작스럽게 날 수 있고, 좁은 틈새를 비집고 재빨리 빠져나올 수도 있다. 박쥐의 뼈 구조가 효율성 높이기에 한몫 톡톡히 하고 있는 것이다. 허겁지겁 쫓겨 본 경험이 박쥐의 진화에 방아쇠가 되었을 것이다. 허투루 보일지 몰라도, 진화의 길에서 살아남은 동물들이 얼마나 치밀한 전략과 전술을 쓰게 되었는지 알 수 있다.

__ 끊임없는 노력으로 갖춘 첨단 기술력

박쥐가 블루오션을 계속 항해할 수 있었던 것은 능동적으로 환경과 사물을 인식하려는 노력이 따랐기 때문이다. 이들은 정확하고 예민한 감각을 첨단 기술력으로 배가시켰다. 첨단 기술력은 듣기에는 멋지지만 끊임없는 의지와 노력이 따라야 생기는 것이다. 박쥐는 어떤 형태로든 쉴 새 없이 변화하는 힘을 키워 왔다. 특수해지고 다양해지려면 그럴 수밖에 없기 때문이다. 박쥐는 어둠 속에서 머리카락 굵기의 물체를 찾아내고 피할 수도 있다. 정보 수집 및 파악 능력이 뛰어나다. 이런 능력은 음파가 부딪쳐 되돌아오는 소리로 물체의 위치를 파악하는 반향정위 echolocation 를 이용하면서 발달했다.

반향정위는 음파탐지기의 작동 원리와 같다. 동물 자신이 만들어 낸 소리와 반향 사이의 시간차 측정으로 먹이를 비롯한 물체의 위치를 알아내는 방법이다. 이 방법은 특히 어둠 속에서 경쟁력이 있다.

박쥐는 소리를 내고 들을 때에 입, 코, 귀, 머리를 모두 쓴다. 박쥐가 내는 소리의 주파수는 높아서 사람은 들을 수 없다. 입과 코로 주파수 높은 소리를 내고, 이런 소리가 물체에 부딪쳐 되돌아오는 것을 귀로 들으며, 뇌의 후두엽에서 물체의 크기와 생김새와 질감을 알아차린다. 이는 뚜렷한 목적을 갖고 사물을 인식하는 방법이다.

시각과 반향정위는 큰 차이가 있다. 시각은 수동적인 반면에 반향정위는 능동적이다. 시각은 외부의 빛 에너지에 의존하지만, 반향정위는 동물 스스로 내놓는 에너지에서 나온다. 박쥐는 행동하고 반응하기 위해 사물을 적극적으로 인식한다.

쏙독새를 비롯한 일부 새도 반향정위를 쓰는 동물이다. 이들은 어둠 속을 날고 곤충을 잡을 때 반향정위를 이용한다. 쏙독새보다는 덜 예민하지만 뒤쥐 또한 주변 환경을 파악하는 데 반향정위를 쓴다. 반향정위 사용에서 박쥐는 최고 수준의 예민함을 보인다. 바다에서는 돌고래 같은 이빨고래가 예민한 반향정위를 이용한다.

박쥐는 자신이 내는 소리의 종류를 조절하는 능력이 있다. 목표물을 찾을 때는 긴 파장의 낮은 음을 내고 목표물을 인지하면 접근하면서 좀 더 짧은 파장으로 바꾼다. 가깝게 접근하면 아주 짧은 파장의 높은 음을 낸다. 박쥐의 종류에 따라 첨단 기술력은 차이가 난다.

몇 종은 아주 짧은 사이에 높은 주파수의 소리를 내고, 몇 종은 좀 긴 시간 동안 낮은 주파수의 소리를 낸다. 주파수는 종에 따라 높낮이에 차이가 있고, 오래 남거나 짧게 끊기는 지속성도 다르다. 음파 구조가 다양한 것이다. 그래서 박쥐는 여러 종이 함께 머무는 굴이나 열대우림에서도 서로 헛갈리지 않고 지낼 수가 있다.

이렇게 종에 따라 다른 주파수와 음의 지속성은 물체의 크기, 모양, 거리, 방향, 재질에 따라 다른 반향을 만든다. 혼동하기 쉬운 조건에서 두 개의 귀로 되돌아오는 파장을 알아차리는 반향정위 능력은 종에 따라 다르고 개체에 따라서도 차이가 난다.

그렇다고 박쥐가 늘 자신이 내는 소리로 주변 환경을 알아차리는 것은 아니다. 수동적인 반향정위를 이용할 때도 있다. 개구리가 우는 소리나 딱정벌레가 걷는 소리처럼 먹잇감이 내는 소리를 탐지해 위치를 파악하기도 한다.

박쥐는 다양한 방법으로 의사소통을 한다. 떼로 모여 있는 새끼 중에서 단박에 제 새끼를 찾아내는 것도 여러 의사소통 수단이 있기 때문에 가능한 일이다. 흔히 적절한 의사소통을 위해서는 그 무리에서 통하는 소리를 낸다. 어미와 새끼 사이의 의사소통뿐 아니라 짝짓기나 공격 행동을 할 때에도 소리를 많이 이용한다.

페로몬 몸 밖으로 방출하는 화학 물질을 이용하는 것도 박쥐에게 중요하다. 냄새는 짝짓기 관련 정보를 상대에게 알리거나 개체나 그룹을 구분하는 데 쓰인다. 몇몇 종은 얼굴이나 날개 쪽에 냄새를 분비하는 기관이 있다.

    박쥐는 시각적인 과시 행동도 한다. 주로 구애할 때 볼 수 있는데, 몇 종은 흰 털 조각이나 독특한 날개 무늬를 과시하면서 짝짓기 상대를 유혹한다.

1000종이 넘는 박쥐의 공생

박쥐는 언제, 어떻게 지구에 출현해서 환경에 적응하고 번성했을까? 초기 박쥐의 출현 시기는 명확하지 않다. 박쥐는 몸집이 작고 뼈가 가벼워 땅속에서 분해되지 않은 채 오래 보존되기 힘들다. 게다가 박쥐가 많이 사는 열대림은 습하고 더워서 분해 속도가 빠른 지역이다. 따라서 아주 오래된 박쥐의 화석을 기대하기는 어렵다.

박쥐 화석 자료의 유전자 연결고리 60퍼센트쯤이 부족해서 진화 과정은 제대로 밝혀져 있지 않다. 6500만 년 전에 공룡 시대가 끝나고 시작된 신생대의 팔레오세에 살던 식충동물의 이빨 화석 중에 박쥐의 것이 있을 수 있다고 가정하는 학자가 있기는 하다. 박쥐의 화석은 5480만 년 전에 시작된 신생대의 에오세 초기 것부터 알려져 있다.

박쥐가 다양한 종으로 분화하면서 진화한 것은 약 5천만 년 전

의 가파른 지구 온도 상승과 관련이 있는 것으로 보인다. 기후가 따뜻해지자 포유동물은 기발하고 다양한 생존 전략으로 번성에 성공하였다. 그 양상은 가히 폭발적이었을 것으로 짐작된다. DNA 자료로 추정한 바에 따르면 박쥐 또한 신생대의 에오세에 지구의 평균 기온이 단기간에 7도 상승했을 때 진화에 한결 탄력을 받았다. 신생대 에오세 초기에 해당하는 5200만 년 전에서 5천만 년 전 지구는 최고의 온도 상승 사건을 경험했다.

이 시기에는 지구 전역이 온화해서 해수면이 높았고 런던에 열대 야자수가 번성했다. 기후가 따뜻해지자 곤충이 엄청나게 늘었고, 때맞추어 박쥐의 비행 기술과 반향정위 이용 능력이 크게 진화했을 것으로 보인다.

처음 지구에 등장한 박쥐는 작은박쥐 종류다. 이들은 곤충이 진화한 것에 대응하여 먹이를 잡기 위한 다양한 비행 전술을 갖추었다. 박쥐의 생태적 지위가 폭발적으로 분화하면서 다양한 종으로 갈라진 것은 이 무렵의 일이다.

날아다니는 포식자가 날개 있는 먹이를 잡는 능력을 발전시킨 것은 머리 좋은 포식자의 전략에서 나온 것으로 볼 수밖에 없다. 박쥐는 신생대 에오세의 밤에 날아다니며 풍부한 먹이를 얻을 수 있었다. 다른 경쟁자가 거의 없는 상태에서 진화를 거듭했다.

그런데 여기서 박쥐가 다양한 종으로 진화한 점은 짚고 넘어가야 할 대목이다. 에오세에 풍부한 먹이를 먹으면서 급격히 증가한 박쥐는 변화무쌍한 '종내 경쟁' 때문에 서로 어려움을 겪어야 했다. '종간 경쟁' 전략과 '종내 경쟁' 전략은 아주 다르다. 부대끼지 않고 함께 살려고 할 때 초기의 생존 전략 베끼기는 한물간 수법이 되고 만다. 그래서 자신만의 전략을 찾아 나서야 했다.

아무리 약해도 생존 의지는 길을 만든다

박쥐의 진화와 번성은 안정된 먹이 획득에 초점이 맞춰져 있다. 먹이에 따라 잡는 방법과 먹는 기술이 다르고, 박쥐의 생김새도 다르다. 박쥐의 약 70퍼센트는 식충동물로 경쟁자가 별로 없는 밤에 활동한다. 이들은 꼬리의 주머니를 이용해 곤충을 잡거나 날개 표면에 붙은 곤충을 찍어서 먹는다.

    과일이나 꽃꿀 또는 꽃가루를 먹도록 특수화된 큰박쥐 종류는 열대 지방에 산다. 딱딱한 열매 껍질을 뚫기 위해 단단한 이빨을 지닌 종이 있는가 하면, 꽃가루를 먹는 종은 혀가 길어서 혀를 꽃 속에 넣고 꽃가루를 핥아먹는다.

    몇몇 작은박쥐 종은 육식동물이 되어서 개구리나 쥐, 새, 다른 박쥐, 뱀 등을 잡아먹는다. 어떤 종은 물고기를 먹기도 한다. 이런 박쥐는 물고기를 잡는 데 트롤망 비슷한 것을 이용한다. 한편, 날카로운 앞니로 다른 동물들의 피부를 뚫고 피를 핥아먹는 흡혈박쥐도 있다. 흡혈박쥐는 날카로운 앞니 때문에 외모가 두드러져 보인다. 그러

나 흡혈박쥐는 1천 종에 이르는 박쥐 가운데 3종밖에 없다. 흡혈박쥐 중에서도 한 종만이 포유동물의 피를 먹고, 다른 두 종은 새의 피를 먹는다. 남아메리카 열대 지방의 한정된 곳에서 살고 그 수도 많지 않다.

박쥐는 대개 자신이 택한 특수한 먹이를 먹지만, 과일 먹는 박쥐 대부분은 거미류도 먹는다. 과일박쥐가 먹이 바꾸기에 성공은 했으나 조상인 작은박쥐류의 먹이 습성이 잠재되어 있기 때문인 듯하다. 뉴질랜드에는 잡식성 박쥐가 살기도 한다.

경쟁은 세분화를 일으키는 힘이다. 처음에는 뒤범벅인 채로 다짜고짜 일어나던 경쟁이 차츰 치열해지면 무엇을, 언제, 어디서, 어떻게 할지를 낱낱이 나누어 가며 자신의 강점을 찾으려는 힘은 더 강하게 작용한다. 그러니 경쟁 상황이 되면 강자가 약자를 짓누를 것이라고 지레 겁만 먹을 일도 아니다.

물론 좁은 공간에서는 급작스런 경쟁이나 포식 때문에 약자가 떠밀려 사라지는 일이 없지 않다. 그러나 달리 보면 생태계의 발전은 심한 경쟁의 결과다. 살아남아야 하는데 그게 그렇게 호락호락하지 않아서 노력이 필요하고, 아주 작더라도 저마다 경쟁력 있는 특성을 찾아내야만 한다.

생존 의지가 없다면 약자는 밀려나고 단순히 강자가 생태계를 지배할 수도 있다. 그러나 아무리 모자라고 약해도, 생존 의지가 강하면 틈새가 나타나고 길이 열린다. 그 틈을, 그 길을 넓고 단단하게 만들어 또 하나의 종으로 인정받게 된 것은 생존 의지와 노력과 열정이 뒷받침되었기 때문이다.

저마다 어떤 일에 전문가가 되면 삶과 직업의 행태가 다양해진다. 그런 사회는 건강하고 풍요롭다. 비교급이 아니라 저마다 최상급의 성공을 이룬 까닭이다. 아주 작은 환경 차이를 인식하고 적응 방법과 먹이 획득 기술을 차별화한 1천여 종의 박쥐 역사는 다양한 전문가의 탄생 이야기이기도 하다.

박쥐가 얼마나 크게 마음먹고 기술력을 키웠는지는 큰박쥐와 작은박쥐의 관계를 봐도 알 수 있다. 반향정위를 이용하는 작은박쥐류는 이를 이용하지 않는 큰박쥐류보다 먼저 출현했다. 다시 말해 큰박쥐는 곤충을 먹던 작은박쥐에서 갈라져 나와서 다른 먹이를 택한 것이다. 큰박쥐가 곤충보다는 식물의 열매나 꽃가루를 택해야 경쟁이 덜하다는 것을 알기까지, 그리고 새로운 먹이를 얻기 위한 외모와 행동 변화를 겪기까지, 진통이 얼마나 컸을지는 짐작하기 쉽지 않다. 그러나 큰박쥐는 좌절하지 않고 다른 형태의 성공을 이루어 냈다. 큰박쥐가 열대 지방에서 작은박쥐와 어울려 살아가는 광경 속에는 승리의 드라마가 숨어 있다.

많은 수의 박쥐가 함께 사는 열대에서 먹이를 분화하는 생존 전략은 높은 다양성을 갖게 되는 원천이다. 박쥐는 도전 정신으로 자신과 환경의 한계를 극복했다. 그 바탕이 굳건한 자기 신뢰에 있음은 말할 나위 없다.

귀가 큰 박쥐, 눈이 큰 박쥐

박쥐에게는 크다거나 작다거나 하는 이름이 붙어 있다. 이름이 특징을 나타내기는 하지만, 언제나 큰박쥐가 몸집이 크고 작은박쥐가 작은 것은 아니다. 가장 작은 박쥐는 작은박쥐에 속하고 2~3그램밖에 안 된다. 가장 큰 박쥐는 큰박쥐에 속하고 1.5킬로그램에 이른다. 그러나 크기는 각각의 그룹에서 다양하다. 큰박쥐 중에서 가장 작은 종은 13그램 정도고, 작은박쥐에 속하는 가장 큰 박쥐는 200그램에 이른다.

생물은 크기뿐 아니라 서로 다른 외모를 통해 생존 전략을 보여준다. 박쥐의 외모에는 기술력이 숨어 있다. 큰박쥐와 작은박쥐의 몇 가지 뚜렷한 형태학적 특징은 눈과 귀에서 볼 수 있다. 눈이 크냐 작으냐, 귀가 크냐 작으냐 하는 차이는 그들이 무엇을 주로 쓰는지 짐작할 수 있다.

모든 박쥐는 눈이 있고 눈으로 볼 수 있다. 그러나 작은박쥐류는 시각이 아니라 반향정위에 훨씬 더 의존해 생활하므로 눈이 작은 대신에 귓바퀴가 크다. 귓속의 감각상피가 크고 감각모가 발달되어 있는데, 이는 청각이 작은박쥐에게 그만큼 중요하기 때문이다. 작은박쥐 대부분은 어둠 속에서 길을 찾거나 먹이를 구할 때 거의 소리에 의존한다. 이들은 눈이 작고 시력이 나쁘지만 청각이 워낙 예민해서 쐐기벌레가 잎을 갉아먹는 소리도 들을 수 있다.

이와 달리 큰박쥐류는 눈이 크고 시력이 좋다. 그래서 예민한 시각과 후각에 의존해 방향을 찾는다. 밤의 어스레한 어둠 속에서도 시력에 의존해 움직이기 때문에 눈이 크고 도드라진 데다 주둥이가 길다. 얼굴이 여우처럼 생겨서 큰박쥐는 '날아다니는 여우'로 불리기도 한다.

큰박쥐에 속하는 과일박쥐를 계통 발생적으로 보면 작은박쥐보다 영장류에 좀 더 가깝다. 이는 큰박쥐와 영장류가 시각 통로에 유사성을 갖고 있음에 근거한 것이다. 딱히 찍어 말하기는 어렵지만 큰박쥐가 좀 더 진화한 양상을 보이는 셈이다.

박쥐가 먹이 획득 기술과 외모를 달리하여 자신의 특성을 찾은 것은 살벌한 먹이 경쟁 속에서 살아갈 궁리를 한 결과다. 풍요가 지속되는 상황은 드물기도 하거니와 발전 노력이 없으면 제로 상태의 평형을 유지하는 것이 더 어렵기 때문에 결국 퇴보한다. 크고 작은 슬럼프에 안 빠질 수는 없지만 툭툭 털고 일어설 수 있는 힘을 평소에 쌓는 수밖에 없다.

먹이 획득 능력이 뛰어나도 적의 공격에 대처하지 못하면 퇴물이 된다. 박쥐 또한 포식자의 공격을 되도록 피하려고 하지만 찜찜하게도 적은 늘 있기 마련이다. 올빼미, 매, 뱀, 다른 큰박쥐류, 그리고 지상의 육식동물이 박쥐를 먹잇감으로 노린다.

박쥐는 초저녁에 큰 무리로 보금자리에서 나올 때 느닷없이 포식자의 공격을 받기 쉽다. 뱀이나 매 같은 포식자는 황혼 무렵에 굴

어귀에서 기다렸다가 박쥐 떼가 나올 때 공격하기도 한다. 노련한 박쥐야 이런 일에 도가 텄을 테지만, 어린 박쥐는 잘 날지 못해서 바닥으로 떨어지면 포식자의 공격을 받을 위험이 커진다. 박쥐는 이런저런 위기를 넘기며 더 날렵해졌다.

헝그리 정신의 대명사, 박쥐

박쥐는 워낙 적응력이 좋아서 온대와 열대림, 사막, 초원, 경작지 그리고 교외뿐 아니라 도시 환경에서도 산다. 지리적 분포를 보면 박쥐는 열대와 온대 등 지구 전역에서 발견되고, 극지방이나 육지에서 동떨어진 몇몇 섬에서만 발견되지 않는다.

생태계에는 죽음을 이겨 낸 생물들로 차 있다. 생물의 끊임없는 탄생은 기존 생물의 죽음을 전제로 하며 새로운 공간을 필요로 한다. 자연계에서는 승자가 남고, 패자는 죽음으로 내몰리든지 다른 방향으로 분화할 것을 요구받는다. 먹이 경쟁과 서식 과밀 등 비슷한 삶의 방식을 택한 경우에는 생존 경쟁이 치열해지기 때문이다.

박쥐는 생존 경쟁을 벌이면서도 눈앞의 먹이에만 급급했던 것 같지는 않다. 주변 일들이 어떻게 돌아가고 있는지도 둘러봤을 것이다. 그래야 서식지를 옮길지 말지, 올바른 생존 대책을 세울 수 있었을 터다. 여러 정보를 조합하고, 진행 방향을 생각해 보고, 생태계의 큰 흐름을 놓치지 않으려고 노력하며 살아갈 길을 열었을 것이다.

박쥐의 적응력에는 독특한 보금자리도 한몫을 한다. 이들은 드러난 곳보다는 얼마쯤 감추어진 공간을 좋아한다. 이는 자신을 보호하기 위해 생긴 습성이다. 보금자리는 종에 따라 차이가 있다. 야생에서는 동굴이나 나무 구멍, 땅굴이나 흰개미 집 또는 바위틈 같은 곳에 자리를 만든다. 빈 집에 들어가서 지붕이나 다락방 또는 처마에서 살기도 하고, 다리 밑이나 터널도 보금자리로 삼는다.

같은 종이 다른 시기에 다른 형태로 홰를 이용하는 경우도 있다. 이를테면 어떤 종은 겨울에는 동굴에 틀어박혀 지내고 따뜻한 철에는 나무 구멍에 잠자리를 마련하면서 서식지를 융통성 있게 바꾼다.

박쥐는 보금자리를 스스로 만들지 않는다고 알려져 있다. 그러나 워낙 종류가 많아서 텐트를 만드는 것도 있다. 남아메리카의 과일박쥐 중에는 야자수나 바나나 같은 특정 식물의 잎을 골라 주변의 잎과 같은 모양으로 텐트를 쳐서 비와 포식자를 피하는 종이 있다. 이렇게 텐트를 만드는 박쥐는 적은 수로 무리를 짓는다. 이들은 보금자리의 안정성에 예민해서 잎이 조금만 팔랑거리며 진동해도 곧바로 텐트를 떠난다.

흔히 박쥐는 머리를 밑으로 두고 거꾸로 매달려 보금자리에 머물지만 머리를 위로 두고 홰에 머무는 단 한 종류의 박쥐가 있다. 바로 원반날개박쥐다. 이 박쥐는 특이하게도 각 발가락과 엄지에 흡착 컵이 있다. 해부학적인 측면과 기능으로 보면 문어와 비슷하다. 아직 펼쳐지지 않은 바나나 잎의 관처럼 생긴 안쪽으로 들어가 매끄러운 잎 표면을 흡착 컵으로 붙잡는다. 이처럼 열대에서는 갖가지 박쥐가 어디든 틈만 생기면 비집고 들어가서 산다. 박쥐의 이런 헝그리 정신은 강한 생명력으로 이어진다.

모든 변화는 생존을 위한 것

박쥐는 흔히 물속에서 부화하는 곤충을 먹이로 삼기 때문에 하천이나 호수, 연못 근처에 모이는 경향이 있다. 보금자리로 적합하고 충분한 먹이가 있는 서식지에는 많은 박쥐가 모여든다. 어느 한 종이 그런 곳을 힘으로 평정하기 전에 생존 방법을 달리하면 다른 종도 쫓겨나지 않고 공존한다.

사람들이 들쑤시는 변화무쌍한 생태계에서 생물들은 질긴 생명력이 없으면 견디기 힘들다. 베이징 아시안게임 마스코트로 나온 자이언트판다는 박쥐와 달리 적응력이 몹시 약한 동물이다. 먹이인 대나무 숲이 농가 바로 앞에 있어도 사람 사는 집을 가로지르지 못해 그냥 바라보면서 굶어 죽고 만다. 이런 동물은 사라질 위기에 처하기 쉽다. 이렇게 공주나 왕자 같은 사고방식으로 도사리다가는 도전은 물 건너가기 십상이다.

적응력이란 기회를 포착하는 힘이자 변화할 수 있는 힘이라고

정의할 수 있을 성싶다. 왜냐하면 동적인 변화가 이어지는 환경 속에서 변해야만 살 수 있으니까 말이다. 변화를 잘하는 동물로는 진디를 들 수 있다. 진디는 생식 조건이 좋으면 날개가 돋지 않고 그 지역에서 왕성히 번식한다. 그러나 환경이 나빠지면 날개가 생겨 새로운 서식지를 찾아 떠난다. 특히 개체수가 많아지거나 먹이로 취하던 수액의 영양가가 줄면 날개가 돋는다. 이런 변화의 힘이 진디의 생명력이다.

온대나 한대에 사는 박쥐의 생존력은 체온 보존과 깊이 연관되어 있다. 몸집이 작고 신체의 대사 속도가 빠르기 때문에 체온 보존을 위한 생태 특성 확보를 소홀히 했다면 번성은 어림없었을 것이다. 박쥐는 무리를 지어 지내면서 열을 보존하고 열 손실을 줄이는 쪽으로 진화했다.

박쥐는 대개 무리를 지어 산다. 그러나 1년 가운데 얼마 동안만 공동체를 형성한 채 지내는 종도 있고, 단독으로 사는 종도 있다. 박쥐 그룹의 크기는 종에 따라 다르다. 수천에서 수백만의 박쥐가 한곳에 모여 살기도 하지만, 몇 마리나 수백 마리 정도가 무리를 이루거나 한 쌍만 지내기도 한다. 무리 생활은 동물의 자기 보호 본능에서 나온 것이다.

작은박쥐에 속하는 온대나 한대의 많은 종은 겨울이면 체온 유지가 불안정해진다. 그래서 가을에 짝짓기를 마치고 모여서 함께 동면한다. 번식기에 수컷들이 모여 구애를 하면 암컷은 그 가운데 가장 마음에 드는 수컷을 고른다. 구혼 행동은 다양해서, 종에 따라서는 동면 중이라 거의 반응을 하지 않는 암컷과 짝짓기를 벌이는 수컷도 있다. 열대에 사는 큰박쥐 종류는 기후의 특성상 동면할 필요가 없고 좁은 범위 안에서 자신의 체온을 조절할 수 있어서 연중 내내 활동하며 열대림에 영향을 준다.

__ 수천 마리에서 새끼를 알아채는 어미

박쥐는 지역별 특성화 전략을 택한 동물이다. 온대나 한대 지역의 박쥐는 한 해에 한 번 새끼를 낳는다. 동면에 들어가기 전 가을에 짝짓기를 한 암컷이 겨울 동안 정자를 몸에 갈무리하는 종류가 있다. 이는 포유동물 치고 특이한 일이다. 추위 속에서도 살아남겠다는 강한 생명력의 표현 방식으로 생긴 생리적 특성 같다. 이런 박쥐 암컷에서 난자와 정자가 수정되는 것은 이른 봄이고, 새끼는 봄이 끝날 때나 여름이 시작될 때쯤 태어난다.

열대 박쥐는 한 해에 두 번 번식을 하기도 하는데, 먹이 형편에 따라 패턴이 있다. 열대의 과일박쥐 종류는 짝짓기 행동이 자유로운 경향이 있다. 이런 과일박쥐는 흔히 한 그루나 몇 그루의 나무에 큰 무리로 모여서 근처에 있는 여러 개체와 짝짓기를 한다. 남아메리카의 열대에서 사는 작은박쥐 중에는 한두 마리의 수컷이 몇 마리의 암컷과 그 자식들을 거느리는 하렘 조직을 이루고, 다른 수컷에게 우두머리 자리를 빼앗길 때까지 짝짓기를 독점하는 종류도 있다.

열대 초원에서 사는 종들은 우기와 건기의 변화에 맞추어 새끼를 낳는다. 장기간의 연구에 따르면, 과일박쥐는 무리 안에서 동시에 출산이 이루어질 때가 많다. 예외가 있긴 하지만 대개 새끼를 한 마리 낳는다. 두 마리 이상을 규칙적으로 출산하는 박쥐는 드물다.

짝짓기 시스템은 박쥐의 종에 따라 다양하다. 박쥐는 짝짓기 상대를 자유롭게 택하는 편이다. 대부분의 종은 일부다처제 경향이 있거나 자유로운 짝짓기를 한다. 몇몇 종만이 일부일처제를 따른다. 이 경우에 수컷과 암컷과 새끼들은 가족을 이루어 함께 보금자리에서 지내며, 수컷은 암컷과 새끼들을 보호하고 먹이는 일을 나누어 맡는다.

일부일처제 박쥐 종류를 제외하면 새끼를 돌보고 보호하는 일은 으레 암컷이 한다. 태어나기 직전 박쥐 새끼의 몸무게는 어미 무게의 10~30퍼센트에 이를 만큼 어미 몸속에서 충분히 자란 다음 태어나기 때문에 임신한 암컷은 에너지 소모가 크고 긴장 상태로 지낸다. 갓난것은 날개가 충분히 발달하지 않아 날지 못한다. 2~6주 동안 어미가 새끼를 따뜻하게 해 주고 털을 다듬어 주며 젖을 먹여 보살핀다. 어미와 새끼는 아주 단단히 묶여 있다. 어미가 먹이를 잡으러 간 사이에 새끼들은 체온 유지를 위해 모여 있는데, 수백 마리나 수천 마리가 모여 있어도 돌아온 어미는 소리와 냄새로 제 새끼를 알아차린다.

새끼는 젖을 떼는 것과 동시에 나는 법을 배운다. 이때부터 스스로 먹이를 찾아 나서는데, 대개 밤에 활동하고 낮에는 쉰다. 새끼들은 몸집과 날개가 어른만큼 자라면 날 수 있으므로 수유 기간은 짧다. 성숙하는 기간은 크기가 큰 종류일수록 더 걸린다. 독립할 힘이 생긴 박쥐는 차츰 환경 변화에 대응력을 갖춘다. 어떤 환경 충격이 와도 그것을 완화하는 힘이 받쳐 줘야 살아남을 수 있는 까닭이다.

박쥐는 훌륭한 바나나 농사꾼

박쥐의 활동은 열대림에 적지 않은 영향을 준다. 박쥐는 열대의 숲에서 꽃가루 매개자 구실을 한다. 열대림이나 사막에서 몇몇 박쥐는 벌처럼 꽃꿀과 꽃가루를 먹으면서 식물의 수분을 돕는다. 또 열매를 먹는 박쥐는 열대림에서 씨앗을 퍼뜨려 과일 나무가 퍼져 자랄 수 있게 한다. 열대림에 자라는 어린 싹 가운데 반 이상이 박쥐가 퍼뜨린 것이라는 연구 결과도 있다. 모두 식물의 발아와 생장을 돕는 일이다. 만일 이곳의 박쥐가 사라진다면 숲은 망가지고 전혀 다른 모습이 될 것이다.

이처럼 박쥐의 활동은 특히 열대에서 생물 군집이 기능을 유지하는 데에 드러나지 않는 중요한 역할을 한다. 따지고 보면 박쥐는 성공한 삶을 누리는 중이다. 이는 박쥐의 취향이나 선택에 따른 것이 아니다. 종류와 수가 많아 치열하게 살아가다 보니 저절로 핵심종이 되었기 때문이다. 성실하게 살면서 저절로 남에게 영향을 주게 된 셈이다.

박쥐가 처음부터 사회에 도움을 주는 존재가 되겠다는 꿈을 꾸지는 않았을 것이다. 그런 꿈은 누구나 마땅히 지녀야 할 것이긴 하지만, 작고 초라한 모습으로 있을 때에는 큰 규모를 생각하기 힘들다. 묵묵히 제 몫을 하며 살다 보니 열대 숲에 미치는 영향력이 커진 것이다. 박쥐는 정말 크게 성장했다.

한 생물의 출현과 번성, 그리고 쇠퇴 속에는 그냥 지나칠 수 없는 생태적 의미가 담겨 있다. 어느 생물종이 생존과 번성을 위해 펼치는 전략은 다른 종들의 생존과 전략에 자극이 되고 영향을 주기 때문이다. 가장 작은 박쥐는 벌만 한 크기로 태국에서 산다. 이 박쥐는 꽃가루 매개자로 암술머리에 꽃가루를 묻혀 열대의 망고, 바나나, 복숭아, 아보카도 열매를 맺게 해 준다. 바나나의 굵은 줄기에는 작은 꽃이 큰 송이로 한꺼번에 몰려 나는데, 수분이 일어난 뒤에는 각각의 꽃이 바나나로 자란다. 껍질을 벗기지 않은 바나나의 진한 갈색 끝이 바로 꽃이 있던 자리다. 무화과, 정향나무, 용설란도 박쥐 덕분에 가루받이를 한다.

어떤 박쥐는 너무 익었거나 상품 가치가 없는 열매를 주로 먹고 균이나 해충을 미리 줄여 주는 등 농작물에 제법 도움을 주기도 한다. 그러나 때로는 문제를 일으키는데, 몸집 큰 과일박쥐 몇 종류는 과수원에 해를 주기도 한다. 열매 먹는 박쥐 중 가장 몸집이 큰 것은

30센티미터이고 날개의 폭이 180센티미터에 이르기도 한다.

식물을 먹는 박쥐뿐 아니라 식충이나 육식 박쥐도 먹이의 번성을 제한해서 생태계의 조화와 균형 유지에 한몫을 한다. 식충박쥐는 엄청난 양의 해충을 먹어 치우기 때문에 인간의 처지에서 보면 고마운 동물이다.

식충박쥐는 해충을 없앤다

식충박쥐 한 마리는 밤마다 자신의 몸무게 3분의 1만큼의 해충을 섭취할 수 있는데, 몇 시간 만에 수백 마리의 모기, 나방, 메뚜기 같은 곤충을 잡아먹는다. 먹이가 풍부한 곳에서는 그 몇 배를 먹어 치운다는 보고도 있다. 특히 박쥐는 작물을 해치고 질병을 퍼뜨리는 벌레를 없애 줄 뿐 아니라, 농부에게 큰 골칫거리인 옥수수 갉아먹는 나방 유충을 줄여 준다. 여름 밤 밖에 나가면 우리를 괴롭히는 모기떼도 박쥐 몇 마리만 있으면 싹 없앨 수 있다.

미국 텍사스 샌안토니오 북부의 동굴에는 수천만 마리에 이르는 박쥐가 모여 산다. 여름 밤 동안 그 언저리에서는 상상을 초월하는 먹이 전쟁이 벌어진다. 그곳 박쥐들은 엄청난 수의 곤충을 먹어 치운다. 박쥐가 나방을 잡아먹지 않는다면 그 방충 비용은 어마어마할 것이다. 또 질병을 일으키는 해충을 잡아먹는 박쥐의 배설물은 작물의 비료가 되곤 한다. 해충을 먹고 비료를 제공하는 셈이다. 박쥐의 긍정적 영향력이다. 그러나 박쥐가 인간에게 해를 입히는 일 또한 없지 않다. 인간의 거주지에 보금자리를 트는 경우에는 많은 양의 배설물과 불쾌한 냄새로 해를 준다.

또 박쥐는 몸의 외부와 내부에 사는 기생 생물로도 영향을 미친다. 특히 말라리아를 일으키는 원생동물의 은신처로, 박쥐에게는 해가 없는데 사람은 말라리아에 걸릴 수 있다. 수면병을 일으키는 원생동물도 여러 박쥐에게서 발견된다. 편형동물이나 회충도 박쥐를 숙주로 택해 그 조직 안에서 생활 주기의 한때를 보낸다. 이 밖에 박쥐의 몸 외부가 거미나 진드기, 벼룩이나 노린재 같은 동물의 은신처가 되기도 한다. 파리 중에는 나는 능력을 잃은 채 박쥐의 털 속에서 살면서 박쥐와 함께 진화한 종류도 있다. 아무튼 남에게 아무 영향을 안 주면서 박쥐 홀로 다소곳하게 살기는 틀린 셈이다.

흡혈박쥐의 침은 의학 연구에도 활용

흡혈박쥐는 중남미에서 사람들이 열대 우림을 밀어 내고 소나 말을 방목하면서 영향력이 커졌다. 이 박쥐는 말과 소를 물어 가축에게 병을 퍼뜨림으로써 막대한 경제적 손실을 입힐 수 있다. 드물기는 하나 침이나 피 같은 체액을 통해 광견병이 전염되기 때문이다. 흡혈박쥐는 가축에게 광견병을 옮기는 탓에 해로운 동물로 취급되지만, 최근 의학 연구를 보면 사람에게 유용한 역할도 하게 될 것 같다. 흡혈박쥐의 침 속에 있는 항응고 단백질이 혈액의 응고를 막을 수 있기 때문에 뇌졸중과 심혈관 예방에 도움이 될 것으로 보인다.

박쥐는 털 고르기와 다듬기를 하면서 꽤 청결을 유지하는 동물이라 사람에게 직접 해를 입히는 경우는 많지 않다. 박쥐는 식사가 끝나면 으레 몸의 털을 가다듬는다. 뒷발로 털을 빗고, 혀로 털을 다듬고 날개와 꼬리의 막을 깨끗이 한다.

박쥐에 대한 관심이 높아지면서 박쥐 보존 계획이 진행 중인 곳도 있고, 박쥐 동굴로 생태 관광을 가는 일도 늘어나고 있다. 미국 텍사스 오스틴에는 일몰 때 다리 밑의 보금자리에서 박쥐 떼가 나오는 광경을 보기 위해 해마다 수백만의 관광객이 몰려들고 있다. 이런 것까지 생각하면 박쥐는 정말 성공한 삶을 누리고 있는 듯하다.

6
캥거루, 험한 세상의 엄마 노릇

캥거루는 오스트레일리아 원주민 말로 '잘 모르겠어요.'라는 뜻이라고 한다. 유럽인이 오스트레일리아에 도착해 원주민에게 저기 껑충껑충 뛰는 동물이 무엇이냐고 묻자 원주민이 "캥거루."라고 대답하는 바람에 그대로 이름이 되었다는 것이다. 캥거루는 '루'라고도 하는데, 쥐만큼 작은 것부터 사람만큼 큰 것도 있을 만큼 몸집 크기가 다양하다. 현재 적어도 69종이 있다고 알려져 있다. 영국, 하와이, 뉴질랜드 등에서 사육되다 야생으로 간 것이 몇 종류 있기는 하지만, 원래부터 야생에서 살던 종은 오스트레일리아와 뉴기니에 있다.

포유동물 중에는 오리너구리와 바늘두더지처럼 알을 낳는 단공류가 있다. 이 원시 포유류를 제외하고 나면, 포유동물은 크게 두 가지로 나뉜다. 미성숙 상태의 태아를 낳아 주머니 속에서 젖을 주어 키우는 '유대류'와 태반이 발달해 임신 기간이 길고 성숙한 태아를 낳아 젖을 먹이되 곧 독립시키는 '태반포유류'가 그것이다.

캥거루는 대표적인 유대류다. 유대류는 임신한 어미의 태반 발달이 불완전하다. 짧은 임신 기간 동안 자궁에 난황낭 유형의 태반이 발달한다. 유대류의 배아는 난황낭을 통해 양분을 얻는다. 이렇게 난황에 의존하다 보니 태반이 충분히 발달하지 못해 임신 기간이 짧다. 자궁에 수태된 태아가 제대로 자랄 수가 없어서 빨리 출산을 하는 것이다. 유대류의 새끼는 겨우 콩알 정도의 크기로 일찌감치 밖으로 나온다. 갓 태어난 유대류 새끼는 발육이 불완전한 태아 상태여서 독립할 수가 없다. 어미는 이 미성숙한 태아를 온전한 개체로 자랄 때까지 주머니에 넣고 다니며 키운다. 새끼는 웬만큼 자란 뒤에야 젖꼭지에서 떨어져 나오는데, 종류에 따라 몇 주에서 몇 달 동안 주머니 속에서 자란다.

캥거루 삼형제의 주머니 동거

 어미 캥거루는 주머니 안에 새끼를 넣어서 함께 생활한다. 어미와 자식이 이렇게 밀착된 동물이 또 있을까 싶다. 어미는 한 번에 3세대에 해당하는 새끼를 돌볼 수 있다. 1세대는 다 자라서 몸집이 커져 주머니에서 나와 혼자 돌아다니지만 이따금 주머니에 머리를 박고 젖을 먹으며 어미 곁을 못 떠나는 몸집 큰 새끼, 2세대는 주머니에서 지내면서 젖을 먹으며 자라는 새끼, 3세대는 어미의 자궁에 있는 태아다.

 캥거루는 왜 다 자란 새끼를 주머니에 넣은 채 뛸까? 왜 그렇게 지극 정성인지, 무엇 때문에 새끼를 밖에 내놓길 꺼리는지 자못 궁금하다. 어미가 새끼를 주머니에 넣고 다니는 데에는 말 못 할 사정이 있지 않을까?

 오스트레일리아 대륙은 1억 3600만 년 전에서 6400만 년 전 사이에 남극 대륙에서 떨어져 나와 떠돌다가 중심부가 남회귀선에 정착했다. 북과 남의 회귀선은 태양이 그 지역의 천정에 왔다가 돌아가는 위선으로, 지구 전역에 걸쳐 회귀선 부근에는 건조 지역이 펼쳐져 있다. 사하라 사막, 오스트레일리아 사막이 그 보기다.

회귀선 부근은 하강 기류의 영향권에 있다. 적도 쪽에서 데워진 공기가 상승해 이동하다가 회귀선 부근에 와서는 다시 차가워져서 하강하기 때문이다. 이때, 하강 기류는 고기압을 형성한다. 따라서 지표면 쪽으로 오며 데워지면서 공기의 온도가 올라가고 습도는 낮아진다. 맑은 날씨가 지속되지만 물이 없는 건조한 상태에서는 일교차와 계절별 온도 차이가 아주 커진다. 이는 오스트레일리아 내륙이 생물이 살기에 매우 어려운 환경이라는 것을 의미한다.

이런 오스트레일리아의 환경을 견디지 못한 태반포유류는 대부분 사라졌다. 그러나 몸 겉에 주머니가 있는 유대류는 잘 버텼다. 유대류가 오스트레일리아에서 세력을 펼치는 데는 주머니의 역할이 컸다는 이야기다.

혹독한 환경에서는 어미가 제 몸을 추스르기도 쉽지 않아 새끼를 몸속에서 일찍 떼어 내는 것이 유리하다. 그래야 태반을 복잡하게 발달시킬 필요가 없고, 몸집이 커진 태아를 뱃속에 넣고 다님으로써 생길 수 있는 위험도 줄일 수 있다. 임신 기간이 길면 에너지 소모는 많아지는데 먹이 찾기는 힘들어지고 적의 공격으로부터 달아나기도 어려워진다. 그래서 유대류는 어미 스스로 웬만한 환경쯤은 거뜬히 이겨 낼 능력을 갖추고 나서 새끼를 낳아 기르는 데에 힘쓴다.

　새끼를 낳아 젖 먹여 키우려면 먼저 어미가 살고 봐야 한다는 포유동물의 생존 전략은 곰에게서도 나타난다. 곰은 육식동물 중에서 가장 몸집이 크지만, 어미에 비해 그 어느 포유동물보다 작은 새끼를 낳는다. 새끼의 몸집은 어미의 420분의 1 정도다. 160킬로그램이 넘는 어미가 채 400그램이 안 되는 새끼를 낳는다. 사람이 자기 몸보다 20분의 1 정도의 작은 아기를 낳는 것과 비교해 보아도 차이가 크다. 곰이 그렇게 작은 새끼를 낳는 것은 겨울 동안 어미가 먹이 섭취 없이 체지방 소모를 줄이며 새끼 낳고 기르는 일을 감당해야 하기 때문이다. 태아가 커지도록 몸속에서 기르면 어미는 먹이 섭취를 할 수 없는 상태에서 에너지 소비가 많아 생명이 위험해질 수 있다.

　이처럼 추운 곳에서 사는 곰이 굴속에 있는 동안 작은 새끼를 낳아 기르는 것이 유리하다는 점은 이해가 간다. 그러나 열대 지방에서 사는 곰도 작은 몸집의 새끼를 낳는 것은 선뜻 이해하기 어렵다. 아마 겨울에 굴속에서 지내며 조그만 새끼를 낳던 조상의 습성이 여러 종류의 곰에게 유전된 까닭일 것이다.

호주 사막에서 새끼 키우는 법 ＿

오스트레일리아에서 유대류는 태반포유류보다 적응을 잘했고 내성 면에서도 우월했다. 3천만 년 전에 이르러 유대류는 매우 빠른 속도로 진화했다. 이들은 물을 저장할 수 있는 생리적 능력을 확보하면서 폭넓은 환경 조건에 적응하기에 이르렀다. 그 결과 크기와 모양이 다양해지면서 바위 많은 언덕부터 숲이며 건조한 지역에 이르기까지, 오스트레일리아 전역에서 살게 되었다. 대형 태반포유류가 사라지자 유대류는 오스트레일리아를 기회의 대륙으로 삼은 것이다.

조기 출산한 캥거루 어미는 새끼 보호에 열과 성을 다한다. 어미의 정성은 젖꼭지에서부터 드러난다. 캥거루 어미는 젖꼭지가 네 개인데, 젖꼭지마다 각기 다른 영양분을 함유하고 있다. 갓 태어난 새끼는 스스로 어미 주머니 속으로 들어가서 네 젖꼭지 가운데 하나를 문 채 자란다. 거기에서는 새끼의 연령대에 맞는 양분의 젖이 나온다.

캥거루 새끼는 어미에 매우 의존한다. 어미가 주는 젖은 스스로 먹이를 찾지 못하는 새끼에게는 생명의 원천 그 자체이기 때문이다. 캥거루 새끼는 들개나 독수리 같은 포식자를 피할 수 있고 먹이 구하기에 능숙해질 때까지 주머니 속에서 지낼 수 있다. 따라서 그만큼 살아남을 확률이 높아진다. 몸집은 어미만큼 자랐지만 경험이 부족한 어린 캥거루는 무엇에 놀라거나 하면 어미의 주머니 속에 다짜고짜 머리를 박는가 하면, 배가 고프면 젖까지 먹는다.

오스트레일리아 사막처럼 늘 고기압이 머무는 곳은 공기 속의 수증기를 빼앗아 건조해지면서 생물의 활력을 앗아 간다. 그러나 캥거루 어미는 새끼를 주머니에 넣고 뛰면서 환경의 압력을 극복해 냈다. 캥거루는 온도 변화와 수분 부족에 대한 내성이 크다. 요즈음에는 캥거루가 다른 대륙에서 들어온 동물들과 초원의 먹이를 나누면서 살지만, 캥거루는 토착종으로서 오스트레일리아 내륙의 건조한 환경을 견뎌 내는 그들만의 비결이 있다. 먹이가 없고 심하게 건조한 상황에서 갈증이 날 때 캥거루는 물을 찾아내기 위해서 땅을 1미터 넘게 파는 경우가 있다. 이렇게 해서 캥거루가 물웅덩이를 찾아내면 다른 동물들도 때때로 혜택을 입는다.

흔히 포유동물은 체온이 올라가면 땀을 흘리는 동시에 헐떡이며 몸을 식힌다. 캥거루는 땀을 흘리기보다는 헐떡임으로 열을 방출하는 독특한 포유동물이다. 기도와 폐로 1분에 300번씩 공기를 통과시키면서 몸 안의 열을 발산한다. 아울러 앞다리를 혀로 핥으면서 체온을 식힌다. 앞다리의 피부 표면 가까이에 혈관이 많이 모여 있어서 침이 증발할 때 그쪽의 열이 식기 때문이다.

캥거루는 이렇게 침으로 물을 잃고, 헐떡일 때에도 몸 안의 물을 잃는다. 그러나 쓸모없는 물을 이용하도록 진화한 것이라서 건조한 지역에서 견디기 좋다. 붉은캥거루 같은 대형 캥거루는 물 없이도 오래 버틸 수 있다. 녹색 식물만 있으면 먹이에서 수분을 얻을 수 있기 때문이다.

캥거루는 임신 주기를 조절한다

캥거루가 어려운 환경에서 살아갈 수 있는 커다란 강점 가운데 하나는 몇몇 종류의 암컷이 임신 주기를 조절할 수 있다는 것이다. 주머니 속의 새끼가 일찍 죽거나 자라서 주머니를 떠나면 암컷은 1주일 안에 다시 새끼를 낳을 채비를 갖춘다. 다 자란 암컷 캥거루는 죽을 때까지 꾸준히 임신할 수 있다. 암컷은 출산한 뒤 며칠 안에 발정기로 들어가서 짝짓기를 하고 임신을 한다. 그러나 오직 한 주일만 아주 작은 크기로 배아를 발달시키고 나서는 마지막 새끼가 주머니를 떠날 때까지 휴면 상태로 임신을 지속한다. 말하자면, 수정 상태에서 분열은 시키지 않고 지내다가 주머니 속의 새끼가 떠나면 자궁 속에서 배아를 발달시켜 출산을 한다.

수정된 알의 발달을 지체시키는 기간은 이미 주머니 속에 들어 있는 새끼의 건강 상태나 계절과 기후에 따라 달라진다. 캥거루 어미는 출산을 12개월까지 늦출 수 있다. 정상 임신 기간이 35일을 넘지 않는데, 그 기간을 열 배나 늘리는 까닭은 가뭄을 피해 먹이가 풍부할 때 새끼를 낳기 위한 것이다. 암컷이 출산한 뒤 바로 짝짓기가 가능한 것은 포유동물에게서는 좀처럼 보기 힘든 특성이다.

임신과 출산을 조절하며 생존 확률을 높이는 동물은 캥거루만이 아니다. 추운 지방에서 사는 곰도 그렇다. 곰은 먹이가 부족하거나 몸 상태가 좋지 않을 때에는 임신 상태를 중단하고 수정란을 몸에서 흡수해 버린다. 곰 암컷은 건강 상태가 좋을 때를 골라서 출산하지만 캥거루처럼 임신 기간을 오래 지연시키지는 않는다. 흔히 먹이가 풍부한 계절이 끝나 갈 무렵에 수정란이 자궁에 착상되면 진성 임신이 시작된다. 암컷의 몸 상태에 따라 지연되기 때문에 수정란 착상은 짝짓기를 하고 나서 두 달쯤 뒤에 일어난다. 그러므로 곰의 전체 임신 기간은 꽤 길어지는데, 캥거루와는 좀 다른 형태의 임신 조절이다.

캥거루 어미의 지극정성 모성애

생물계에서 어미의 역할은 그 무엇보다 중요하다. 모든 생물은 어미의 몸에서 나온다. 새끼가 유전적으로나 환경적으로 그 습성을 되풀이한다는 점에서도 어미의 영향력은 아주 크다.

그런데 낳기만 하고 돌보지 않는 어미도 있다. 그런 생물일수록 환경의 영향을 많이 받는다. 환경이 좋으면 많은 수가 살아남지만 그렇지 않으면 대부분 죽는다. 어린 생명체에게 어미의 보호가 없다는 것은 말 그대로 허허벌판에 던져진 채 스스로 살아남아야 한다는 뜻이다. 그만큼 새끼가 겪어야 하는 어려움은 클 수밖에 없다. 흔히 이런 생물은 일단 많이 낳고 보는 '출산 지향형' 전략을 쓴다. 대부분 몸집이 작고 세대 간격이 짧아서 더러 조건이 좋을 때에는 빠른 속도로 번성하기도 한다.

곤충이나 물고기 중에는 낳기만 하고 돌보지 않는 어미를 둔 것이 많다. 그러나 다산다사多産多死의 생식 전략을 펼치는 생물이라고 해서 다 그러는 것은 아니다. 쉬파리flesh fly 종류는 알을 몸 안에서 부화시켜 내놓는 유형이다. 그리고 상어나 가오리 같은 연골어류도 알이 모체 안에서 발달해 새끼로 태어나기도 한다. 이들은 자손이 좀 더 많이 살아남는 쪽으로 생식적 진화를 이룬 동물이지만, 어미와 새끼 사이에 사랑이라는 말을 끼워 넣기에는 아직 어색하다.

씨앗을 내보내고 돌보지 않는 식물 중에 참나리tiger lily처럼 비늘줄기가 새로운 개체로 어미에게서 떨어져 나오는 것도 있다. 또 열대 해변에서 자라는 맹그로브는 모체에서 씨앗이 발아한 뒤 떨어져 나와 자란다.

난생 동물이라고 해서 꼭 어미가 무심한 것은 아니다. 거북같이 구멍에 알을 낳고는 돌보지 않는 동물도 있지만, 악어처럼 적으로부터 알을 지키고 돌보는 동물도 있다.

둥지에서 알을 품는 새들도 그렇다. 앵무새, 딱따구리, 매는 새끼가 털 없이 눈도 못 뜬 채 깨어나기 때문에 먹이를 물어다 주는 어미의 보살핌이 장기간 필요한 만성조晩成鳥다. 이와 달리 오리처럼 알에서 깨자마자 어미를 따라다니며 먹이 활동에 나서는 조성조早成鳥도 있다. 이들은 유형은 다르지만 모두 어미의 사랑이 새끼에게 전달되는 동물이다.

지극히 희생적인 아빠 동물들

자식에 대한 사랑은 모성애로 일반화할 때가 많다. 그러나 그 사랑이 암컷만의 본능이 아니라 수컷을 통해서 채워지는 보기가 생태계에는 적지 않다. 이따금 전해지는 아버지의 사랑이 오래도록 잊히지 않는 것은 사랑이 머리가 아니라 가슴에 남는 것임을 일깨워 준다.

해마는 새끼 돌보기에 관한 한 마치 성 역할이 바뀐 듯하다. 해마 수컷은 제 몸의 육아주머니 속에 암컷이 넣어 준 알을 부화시킨 뒤 내보낸다. 이보다 더한 부성애를 보이는 것은 가시고기다. 수컷 가시고기는 물풀로 집을 짓고 암컷을 끌어들여 산란하게 한 뒤 그 위에 정액을 뿌려 수정시킨다. 그러고는 알이 깨어날 때까지 보살핀다. 앞지느러미를 저어 알자리에 산소를 넣어 주고, 알에서 깬 새끼들을 적으로부터 보호한다. 그러다가 죽을 때가 되면 새끼들이 양분 섭취를 할 수 있게 제 몸을 내어 준다. 처절한 부성애라고 하지 않을 수 없다. 펭귄 중에서 가장 몸집이 큰 황제펭귄 수컷은 남극의 매서운 추위 속에서 알을 품는다. 황제펭귄 수컷은 알을 낳고 먹이를 구하러 떠난 암컷이 새끼가 깨어날 무렵 돌아올 때까지 꼼짝하지 않고 자리를 지킨다. 발등에 알을 올려놓고 차가운 얼음판 위에서 먹지도 않고 남극의 겨울을 두 달이나 버틴다.

이들의 행동을 보면 새끼 돌보기는 암컷에 한정된 성별 분업이 아님을 알 수 있다. 또 이들은 생명체를 낳고 키우는 일에 정성이 얼마나 들어가야 하는지 잘 보여 준다. 부성애든 모성애든 모두 자식에 대한 사랑이지만, 둘 사이에는 차이가 좀 있는 듯도 하다. 어머니는 약한 자식을 돌보려고 할 때가 더 많다. 이와 달리 아버지는 흔히 '못난 놈'보다는 '잘난 놈'에게 더 기운다. 이런 특성은 독수리 같은 육식동물뿐 아니라 순록 같은 초식동물에게서도 나타난다. 이는 강한 새끼를 통해 유전자를 남기려는 본능에서 비롯되는 측면이 크다.

새끼 돌보기에는 이처럼 여러 유형이 있다. 그러나 포유동물과 모성애라는 말은 따로 떼어 놓을 수가 없다. 젖먹이동물에게 어미의 보살핌은 절대적이다. 포유동물은 젖을 먹이며 키우고 돌보느라 새끼를 많이 낳지 못하기 때문에, 그들이 독립할 때까지 최선을 다해 보살피는 '사망 회피형' 전략을 구사한다.

주머니 밖 세상으로 나가기

캥거루는 출산 며칠 전부터 준비에 몰두한다. 그 가운데 하나는 주머니 속을 깨끗이 청소하는 일이다. 갓 태어난 유대류 새끼는 아주 작고 털이 하나도 없다. 그러나 어미 주머니 속의 젖꼭지까지 기어 올라가는 데 필요한 에너지는 있다. 새끼는 어미가 체액으로 만들어 준 길을 따라 주머니 속으로 들어가서 젖꼭지에 달라붙는다. 갓 태어난 새끼는 젖을 빨 능력이 없지만, 어미의 젖 근육이 운동을 하면서 새끼의 입 속으로 젖을 분출시킨다. 주머니 속에서 사는 초기에는 새끼가 젖꼭지에 늘 붙어 있다. 좀 자라서 털이 나기 시작하면 젖꼭지에서 떨어질 수 있어, 떨어졌다가 다시 젖꼭지에 붙곤 한다.

주머니 속에서 새끼가 자라는 동안 어미는 종종 입술로 주머니 속을 닦아 내는가 하면, 앞발로 주머니를 열어 새끼가 잘 있는지 살펴본다. 눈을 맞추며 웃어 주는 것이 아기에게 얼마나 중요한 일인지 캥거루 어미도 아는 것 같다.

귀가 봉긋하게 솟아나면 이제 새끼가 주머니 밖으로 나올 준비가 된 것이다. 새끼는 주머니 속에서 사는 막바지 단계에 이르면 몸이 얇은 털로 덮인다. 주머니 밖으로 나가려면 담력을 키워야 해서 새끼는 밖을 내다보다가 숨고 다시 밖을 내다보는 행동을 며칠 되풀이한다.

주머니 밖으로 나가기 시작하면 자신감이 생길 때까지 차츰 탐험 시간을 늘려 간다. 대형 캥거루의 새끼는 3개월이 지나면 밖으로 나가서 먹이를 찾기 시작하지만, 주머니 속을 들락거리는 시기를 5개월에서 9개월쯤 더 거친다. 새끼들이 잠깐 나왔다가 어미의 보호를 받기 위해 다시 주머니 속으로 들어가는 일을 반복하는 단계다.

어린 캥거루가 완전히 젖을 떼는 시기는 어미의 주머니 밖으로 완전히 나간 뒤 몇 달이 더 지나고서다. 캥거루는 들개나 독수리 같은 포식자들을 피하면서 거친 환경에서 생존의 노하우를 터득해야 독립할 수 있다.

캥거루 어미의 모성애는 지극히 자식을 감싸 안는 유형이다. 이런 모성애가 올바른 것인지는 알쏭달쏭하지만, 때로 캥거루 어미 같은 마음 씀씀이가 더 없이 소중하다. 여건이 너무 나빠서 혼자서는 어떻게 할 수 없을 때 주변에서 아무런 도움도 받을 수 없으면 버림 당한 셈이 되어 버린다. 캥거루 어미는 새끼를 주머니에 넣고 다니면서 키워 내고, 새끼가 드넓은 들판을 뜀뛰기로 가로지르도록 지지해 준다. 캥거루의 모성애는 열악한 조건에서 돋보인다.

과잉보호는 경쟁력을 앗아간다

일찍 몸 밖으로 자식을 떼어내 제 살 길을 찾은 어미는 자식에게 미안한 마음이라도 있는 것일까? 그래서 다 자란 자식에게까지 주머니를 내어 주고 젖을 먹이는 것일까? 모성애의 근본 가치야 변함이 없겠지만, 어미 캥거루식의 모성애가 바람직한 것인지는 시대상에 비추어 짚어 봐야 할 것 같다. 캥거루 새끼는 의존성이 강하다. 이는 어미의 과보호에서 비롯된 측면이 크다. 어미는 주머니에 넣어서 키워 준 것도 모자라는지 다 큰 새끼의 응석까지 고스란히 받아 준다. 이런 어미의 과잉보호가 자식의 앞날에 오히려 걸림돌이 될 수도 있다는 것은 좀 더 다양한 환경에 처한 유대류와 태반포유류를 비교해 보면 알 수 있다.

화석 자료를 살펴보면 유대류는 태반포유류의 조상이 아니다. 이들은 거의 같은 시기에 진화했다. 유대류와 태반포유류는 중생대 말기부터 거의 같은 생태적 지위를 차지하며 경쟁 관계에 놓여 있었다. 이럴 때에는 더 잘 적응하는 쪽이 살아남는 경쟁적 배제 관계가 형성된다. 실제로 여러 대륙을 살펴보면 완전 태반의 포유동물이 번성한 지역에서는 유대류가 사라졌고, 유대류가 번성한 지역에서는 완전 태반의 포유동물이 밀려났다.

유대류는 오스트레일리아에서는 육상 포유동물의 우세종이고, 남아메리카에도 작은 몸집의 유대류가 있다. 그러나 북아메리카나 아시아, 유럽, 아프리카 대륙에서는 거의 절멸한 상태다. 북아메리카에서는 버지니아주머니쥐 한 종만이 고양이만 한 크기로 남아 있다. 밤을 틈타 활동하고 낮에는 구멍 속에서 숨어 지내며 가까스로 살아남은 종이다. 중생대와 신생대에 이르기까지 유대류는 북아메리카 대륙에 흔한 편이었다. 신생대 제3기 말까지도 꽤 살았는데, 그 뒤 태반포유류에게 슬금슬금 밀려난 것이다.

주머니를 가진 호주 유대류

오스트레일리아의 유대류는 다른 대륙의 태반포유류와 달리 종류가 많지 않다. 다만, 생김새나 신체 구조는 다양한 편이다. 네 발로 움직이는 작은 주머니두더지 종류부터 유칼리나무에서 사는 코알라, 두 다리로 뛰는 큰 캥거루에 이르기까지 갖가지다. 유대류는 종류에 따라 주머니 방향이 다르다. 캥거루처럼 껑충껑충 뛰어다니는 동물은 새끼가 밑으로 빠지지 않게 주머니가 위쪽으로 열려 있고, 웜뱃 같은 유대류 두더지는 땅을 파는 동안 훼손되지 않도록 주머니가 뒷다리 쪽으로 열려 있다. 코알라 또한 주머니가 뒤쪽으로 비스듬히 열려 있다. 그래서 코알라 새끼는 웬만큼 자란 다음에는 아래로 빠질 염려가 있어서 주머니 속에 머물 수 없다. 새끼는 자라면 팔다리로 어미를 붙잡고 업혀 지낸다. 코알라의 주머니가 뒤쪽으로 열려 있는 것은 땅을 파던 습성이 있던 조상이 포식자를 피해 나무 위로 올라가서 살게 되었기 때문인 것으로 보인다. 갓 태어나서는 젖을 먹다가 좀 자라면 소화가 덜 된 어미 똥을 먹는 코알라의 특성 또한 뒤로 난 주머니와 연관시켜 볼 수 있다.

포유동물 어미에게 무엇보다 큰 영향을 주는 것은 환경이다. 오스트레일리아의 광활한 건조 지대에서는 유대류 어미의 육아법이 그런 대로 좋은 성과를 거두었다. 그러나 과잉보호는 어미의 한계 안에 자식을 가두는 결과로 이어지기 쉽다. 캥거루를 보면 주머니로 들어가기 위해 먼저 발달한 앞다리가 다양한 환경에 도전할 때에는 걸림돌이 될 수도 있음을 볼 수 있다. 캥거루는 반투명의 양막에 둘러싸인 채 태어난다. 갓 태어난 캥거루는 눈과 귀, 뒷다리 등이 아직 발달하지 않은 그야말로 태아 상태다. 새끼는 바로 막을 찢고 몇 분 안에 어미의 주머니 속으로 들어가야 한다. 그렇게 하지 않으면 죽는다. 새끼는 혼자 힘으로 후각과 중이에 있는 중력 센서를 이용해 어미가 발라 놓은 체액의 도움을 받아 주머니 속에 있는 젖꼭지까지 재빨리 기어올라야 한다. 그래서 캥거루는 앞다리가 몸의 다른 부분에 비해 빨리 발달하며, 앞발로 사물을 움켜잡을 수 있게 되었다. 그러다 보니 유대류는 앞다리가 여러 태반포유류처럼 다양한 형태를 취하지 못했다. 유대류가 소나 말처럼 발굽을 가질 수 없고, 박쥐처럼 날개를 가질 수 없으며, 바다코끼리처럼 지느러미 발을 가질 수 없는 것은 이 때문이다.

두 다리만 의지하는 캥거루

특히 캥거루의 앞다리는 자라나면서 발달이 더디고 빠른 움직임에 별 도움이 되지 않는다. 토끼도 빨리 달릴 때 캥거루처럼 뜀뛰기를 하지만 앞발 또한 힘차게 내딛는다는 점이 캥거루와 다르다. 토끼는 좁은 공간에서도 잽싸게 방향 전환을 하고 빠르게 움직일 수 있어서 지구 곳곳에 널리 퍼져 산다.

　캥거루는 빨리 움직이려면 뒷다리 두 개를 한꺼번에 써서 뛰어오르는 수밖에 없다. 이렇게 뛰면 에너지를 적게 쓰면서 빠른 속도로 나아갈 수 있다는 이점은 있다. 붉은캥거루는 시속 88킬로미터 정도의 빠른 속도로 단거리를 갈 수 있다. 시속 30킬로미터가 넘으면 소모되는 에너지 단위량이 줄어든다. 계속 뛰는 고무공이나 용수철처럼 에너지를 저장해 다시 뛰어오르게 되므로 에너지 소비가 크지 않다. 캥거루는 종아리 근육이 강하고 꼬리에 있는 커다란 힘줄 묶음이 엉덩이뼈 쪽에 붙어 있는데, 이런 근육과 힘줄의 조합은 운동에너지를 탄성에너지로 저장하고, 저장된 탄성에너지를 다시 운동에너지로 변환하는 데 도움을 준다. 그러나 앞다리와 꼬리를 바닥에 대고 움직이거나 뒷걸음질을 할 때에는 에너지가 많이 들어가고 뻣뻣해진다. 그러다 보니 갖가지 환경에서 훨씬 자유롭게 살아가는 태반포유류와의 경쟁에서 밀려날 수밖에 없었다.

완전 태반포유류는 대부분 네 다리를 자유롭게 움직인다. 화석 자료에 따르면 뜀뛰기로 움직인 동물이 옛날에는 몇 백 종에 달했지만 지금은 50종쯤 남아 있다. 그만큼 뜀뛰기는 경쟁력이 높지 않다. 어미 주머니 속의 편안한 삶에 길들여지다 보니 모험을 감행하고 새로운 환경에 적응하는 데 소극성을 띠게 된 것이다. 과잉보호가 진보를 가로막는 족쇄가 되었다고 하면 지나친 말일까?

___ 유대류 vs 태반포유류

캥거루는 여느 포유동물과 달리 강인함이나 효율보다는 어미의 헌신에 많이 기대는 동물이라고 할 수 있다. 캥거루 어미는 험난한 환경 속에서도 새끼가 건강하게 자라서 제 몫을 다하도록 지켜 주고 싶었을 것이다. 어미의 꿈은 웬만큼 이루어졌다고 할 수 있다. 누가 뭐래도 오스트레일리아 대륙을 주름잡으며 이제껏 살아왔으니 말이다. 그러나 캥거루는 여러 환경으로 진출하여 우세종으로 등장하는 데에는 실패했다.

유대류와 달리 태반포유류는 자신의 특성을 찾아 그걸 세분화하고 특수화하는 데 성공했다. 저마다 알아서 경쟁력을 확보한 것이다. 태반포유류는 현재 4천여 종이 지구 곳곳에 흩어져 산다. 툰드라에서 사는 북극곰부터 사막에서 사는 낙타, 바다의 고래, 땅속의 두더지, 날아다니는 박쥐에 이르기까지 생김새와 생활방식이 정말 갖가지다. 260~280종인 유대류와 비교할 때 태반포유류는 크게 성공한 것이다. 300만 종에 이르는 곤충에 비할 수는 없겠으나, 포유류가 훨씬 큰 몸집으로 살아간다는 것을 감안하면 놀라운 수치다.

태반포유류가 오스트레일리아를 제외한 전 대륙에 걸쳐 우세종의 지위를 차지한 것은 강인한 어머니의 힘에서 비롯된 것일지도 모른다. 태반포유류의 어미는 위험을 무릅쓰고 제 뱃속에 새끼를 배고 젖을 먹여 키우는 한편, 천적이 득실대는 생태계에서 새끼 스스로 살아갈 수 있는 법을 가르친다. 순록과 누 같은 포유동물은 태어난 지 몇 시간 만에 혼자 힘으로 움직이며 먼 길을 오갈 만큼 자립심이 뛰어나다. 양육강식의 세계에서 치열한 경쟁을 뚫고 살아남는다. 그러다 보니 잘 달리든지, 잘 기어오르든지, 잘 매달리든지, 자신에게 맞는 방법을 터득해 개발하면서 강점으로 만들었다. 태반포유류는 하루아침에 성공한 것이 아니다.

지식과 정보를 쉽게 얻을 수 있고 물질이 풍요로워질수록 틀에 박힌 생각과 태도로 살아서는 경쟁력이 떨어진다. 상상력을 키우고 때로는 모험도 할 줄 알아야 한다. 유대류와 태반포유류를 보면 그 차이가 어떤 결과로 이어지는지 알 수 있다. 캥거루 어미처럼 틀에 갇힌 사랑만 쏟을 것이 아니라 새로운 환경이 맞서 홀로 서는 법도 가르칠 일이다.

7

코끼리는 생태계의 건축가

코끼리는 크게 두 종류가 있다. 아프리카코끼리와 아시아코끼리다. 아프리카코끼리는 아시아코끼리에 비해 몸집이 크다. 코끼리가 열매나 나무껍질을 먹기는 해도 대부분의 아시아코끼리는 풀이 주된 먹이고 아프리카코끼리는 잎을 먹는 것을 더 즐긴다. 아시아코끼리는 발톱이 앞발에 5개, 뒷발에 4개 있고, 아프리카코끼리는 발톱이 앞발에 4개, 뒷발에 3개 있는데 간혹 숲에 사는 종류는 발톱 수가 아시아코끼리와 같다.

코끼리나 고릴라는 몸집이 큰 고등 생물이다. 이들은 오랜 세월을 거쳐 진화하며 현재에 이르렀고, 안정된 환경에서 천천히 번식한다. 이런 생물이 위협을 받아 사라질 위기에 처하면, 다른 생물종이 적지 않은 영향을 받고 생태계 변형이 일어날 수 있다.

생태계는 상호 의존 체계다. 그러므로 다른 종이 소멸한 종의 역할을 할 수도 있지만, 소멸한 종으로 말미암아 심각한 도미노 현상이 일어나기 쉽다. 이를 생태학에서는 폭포 효과 Cascade effects 라고 표현한다.

이는 코끼리에게 관심을 기울이는 이유 가운데 하나다. 코끼리가 건강해야 초원이 유지되고, 초원의 대형 동물들이 더불어 살아갈 수 있다. 그러나 인간이 세력을 확장하면서 코끼리 서식지를 빼앗고 있다. 그래서 코끼리뿐 아니라 함께 지내고 있는 다른 생물들도 살기 힘겨운 상황이다.

초대형 동물은 어디로 갔을까

코끼리는 다른 육상 동물들이 감히 넘보지 못하는 몸집을 자랑한다. 커다란 덩치로 육상 생태계의 대표 자리를 지키고 있다. 코끼리는 평생 동안 자란다. 아프리카코끼리 중에는 키가 4미터에 이르고 몸무게가 8톤이 될 만큼 어마어마한 것도 있다. 어른 수컷은 대부분 5톤이 넘는다. 지구의 육상 동물 중에서 코끼리보다 크고 무거운 동물은 없다.

어느 육상 동물이든 제 몸무게를 무한정 탈 없이 견딜 수는 없다. 몸집이 지나치게 커지면 근육이 이를 견디기 어렵고, 너무 견고해지면 관절의 움직임이 둔해지기 때문이다. 그러나 지구 생태계의 역사를 보면 코끼리의 몇 배에 이르는 초대형 육상 동물이 존재했다. 얼마나 큰 동물이 있었고, 왜 사라졌을까? 코끼리가 앞으로 지구 생태계에서 얼마나 잘 버틸지 궁금하다.

바다에서 사는 동물은 물의 부력 때문에 뭍에서보다 훨씬 큰 몸집을 지탱할 수 있다. 그러므로 가장 큰 동물은 바다에서 산다. 현존하는 동물 가운데 가장 몸집이 큰 것은 흰긴수염고래다. 이 동물은 지구 역사를 통틀어서도 가장 크다. 길이가 30미터에 이르고 몸무게가 200톤이 넘는 고래도 있다. 이런 고래는 심장이 경자동차만 하고 대동맥에서 어린이가 빠져나갈 수 있을 정도다.

그러나 뭍에서 사는 동물은 너무 몸집이 커지면 이를 지탱하는 다리의 뼈와 근육에 이상이 생길 수밖에 없다. 지금까지 지구에 존재한 육상 동물 중에서 가장 크고 무거운 것은 무게가 80톤에 이르렀던 중생대 쥐라기의 브라키오사우루스Brachiosaurus를 비롯한 몇몇 공룡이었다. 브라키오사우루스의 취약점이 바로 파충류이면서 몸집이 너무 큰 데에 있었다. 그래서 중생대 말의 급변하는 지구 환경에 대처할 능력이 없었다. 커다란 공룡 종류는 먹이 부족과 체온 저하로 멸종하고 말았다. 같은 시기에 함께 살던 파충류 가운데 거북과 악어와 도마뱀 종류는 지금까지 존재한다.

___ 인드리코테리움에서 마스토돈까지

파충류 시대로 일컬어지는 중생대는 6500만 년 전에 끝났다. 새로운 시대에는 주인공이 바뀌었다. 바야흐로 포유동물의 시대가 열린 것이다. 그렇다고는 해도 신생대 초기 팔레오세의 원시 동물은 초췌한

행색을 벗지 못했다. 그러다가 에오세 신생대 제3기의 두 번째 지질 시대를 거치며 여러 포유류가 현대 동물로 바뀌었다. 에오세는 '현대 생물의 새벽녘'이라는 뜻으로, 이 무렵에 생태계에서는 큰 변화가 파노라마처럼 펼쳐졌다. 코끼리의 선조와 연관된 종류는 돼지만 한 크기로 팔레오세에 출현했다. 그 후 에오세에 이르러서는 1미터 정도 키의 코끼리 최초 조상이 아프리카에 등장했고, 진화를 거듭하면서 몸집도 커지고 자유자재로 사용하는 코와 엄니가 길어졌다.

에오세에 이어 올리고세 3370만 년 전~2380만 년 전가 되자 초대형 동물이 나타났다. 이 시기에는 동물들이 다양성을 갖추어 가면서 소수의 대형종이 군림하며 생태계를 주름잡는다. 바로 코끼리과의 인드리코테리움 Indricotherium이 이 무렵에 출현했다. 현존 코끼리보다 4배나 컸던 이 동물은 아시아에서 떵떵거리며 살았다. 그 옛날 아시아에 얼마나 울창한 숲이 있었는지 짐작하게 하는 대목이다. 이 종은 파키스탄에서 발견된 발루키테리움과 같이 취급되기도 한다.

올리고세에 초대형 동물이 생존할 수 있었던 것은 숲이 울창해서 먹이가 풍부하고 경쟁자가 많지 않았기 때문이다. 산업화 초기에 몇몇 재벌이 떠올라 사회를 이끌어 가는 풍경과 비슷하다. 개별 기업 단위로는 규모나 기술 경쟁력에 한계를 느낀 다국적 기업들이 수평 통합을 통해 시장 지배력을 확대하는 것 또한 겹쳐 떠오르는 그림이다.

그러나 초대형 동물은 몸집 불리기와 몸 가누기에 기력을 쏟느라 환경 변화에 둔했다. 그 바람에 초대형 동물은 슬슬 사라졌다. 올리고세 말기로 접어들며 지구에서는 광범위한 면적의 울창한 숲이 사라지고, 초원 지대가 차츰 늘어났다. 건조 지역이 넓어진 것이다. 이에 따라 먹이 조건이 달라지면서 초대형 동물은 큰 어려움을 맞았다. 몸이 날렵하지 못한 그들은 환경 적응력이 좋은 동물에게 밀려났다. 초대형 동물보다 몸집은 작지만 움직임이 잽싼 포유동물이 대거 새로운 강자로 떠오른 것이 이 무렵이다.

올리고세 후반에는 원시적인 말과 코뿔소 등이 많아졌다. 다음 지질 시대인 마이오세2380만 년 전~530만 년 전에는 지구에서 초지가 급격히 확장되었다. 그래서 풀을 먹는 발굽 동물인 우제류와 기제류가 다양한 종류로 진화했다. 이런 과정을 거치며 초대형 동물은 몸집이 좀 작아졌지만, 시기별로 나름대로 생태계의 구심점 역할을 하다가 사라져 갔다. 코끼리는 이 마이오세에 이르러 서식 범위를 넓히며 여러 환경에 적응하여 진화했다. 아프리카를 벗어나 남극과 호주를 제외한 전 대륙으로 퍼져 살았으나 현재는 아프리카와 아시아에만 살아남아 있다. 아프리카코끼리와 아시아코끼리르 갈라진 것은 마이오세 후기인 760만 년 전 일이다.

말과 코뿔소와 고릴라의 특징을 함께 갖고 있는 칼리코테리움, 코끼리와 비슷하게 생긴 마스토돈, 그리고 코뿔소처럼 콧등에 뿔 두 개가 솟아 있는 콜로돈타 또한 마이오세를 대표하는 동물로 현재의 코끼리보다 몸집이 훨씬 큰 초대형 동물이었다.

초대형 동물은 인류의 활동 시기에도 남아 있었다. 이들이 기도 제대로 못 펴고 사라진 것은 기후 변화에 따른 먹이 부족 탓이 크지만, 빙하기에 서식지를 확장해 가던 인류에게 밀린 탓 또한 크다. 이들의 지역별 소멸 시기는 인류의 지역별 세력 확장 시기와 거의 일치한다.

변화만이 살 길이다

오늘날의 코끼리는 옛날보다 몸집을 줄였고, 밀림이나 사바나뿐 아니라 반사막 지역이나 5천 미터 높이의 산지에서도 살 수 있게 적응력을 높였다. 그래서 현존 육상 동물 가운데 가장 큰 몸집으로 떵떵거리게 되었다.

운이 좋아 살아남은 생물이라도 생태계에서 쉴 새 없는 경쟁을 치른다. 그래서 생물은 저마다 생존 전략이 있다. 번성하는 생물은 고초를 견디고 자신을 가다듬으며 변화하는 힘을 갖춘다. 환경은 바뀌고, 시대도 바뀐다. 관건은 변화할 수 있는 힘, 바로 적응력이다.

적응력으로 따지면 잠자리 또한 둘째가라면 서러울 것이다. 중생대에 공룡이 번성하던 때보다 더 오래 전인 약 3억 4500만 년 전부터 2억 8천만 년 전까지 고생대 석탄기에는 사람 팔 길이만큼 날개가 긴 잠자리 종류가 있었다. 그 시기의 무성한 숲에는 잠자리의 먹잇감도 몸집이 컸다. 참새만 한 하루살이와 커다란 바퀴벌레는 잠자리의 좋은 먹잇감이었다. 그러던 잠자리가 지금은 우리 손가락 길이 정도로 작아졌다. 잠자리 조상이 살았던 석탄기에는 덥고 습기가 많아서 커다란 양치식물이 무성했다. 축축한 숲에 개구리의 조상인 거대한 양서류가 득실거려서 그 무렵을 양서류의 시대라고 한다. 어류 시대, 양서류 시대, 파충류 시대, 포유류 시대, 그리고 인간 시대는 각각 고생대, 중생대, 신생대, 그리고 신생대 제4기를 대표 생물로 일컬을 때 쓰는 표현이다.

잠자리는 이 모든 시기를 다 거치며 여러 생물들의 흥망성쇠를 지켜보면서 3억 년이 넘도록 살아남았다. 환경 적응에 성공한 생물이다. 변화 속도에 맞추어 환경을 잘 이용한 것이 잠자리의 생존 비결이다. 잠자리는 현재 5천여 종으로 분화되어 있다. 우리나라에는 100여 종, 미국에는 400여 종, 일본에는 200여 종이 있다. 가장 큰 것은 19센티미터쯤 되는데, 2센티미터 정도밖에 안 되는 작은 종류도 있다.

환경의 변화에 맞추어 몸집을 줄인 잠자리의 전략은 큰 몸집에 갇혀 버린 공룡과 대비된다. 이런 대목에서 가용 자원이 풍부할 때 몸집 불리기에 나서는 대기업의 전략과 환경이 변화무쌍할 때 적응력을 키우는 소기업의 전략을 읽을 수 있다. 잠자리처럼 하는 것이 좋은지, 아니면 코끼리처럼 몸집을 키우며 비용 절감과 수익 창출에 힘쓰는 것이 좋은지는 꼬집어 말하기 어렵다. 몸집이 웬만큼 커도 유연성과 적응력이 받쳐 주면 번성할 수 있기 때문이다.

인류 또한 환경과 영향을 주고받으며 끊임없이 변화해 왔다. 인류는 문자와 도구, 지식 생산 등을 통해 그때마다 새로운 삶을 경험하며 여기까지 왔다. 변화는 현재 진행형이다. 그래서 생존의 문제이기도 하다. 환경의 변화를 빨리 포착하고, 바른 방향으로 변화해야 기를 펼 수 있다.

코끼리의 사뿐한 발걸음

코끼리가 육상 동물의 중심에 우뚝 서게 된 것은 입체적으로 확보한 유연성 덕이 크다. 그래서 속도를 중시하는 작은 동물에게 밀리지 않고 큰 영향력을 발휘하게 되었다.

아프리카코끼리는 수컷의 몸무게가 대개 5400킬로그램에서 7500킬로그램에 이른다. 암컷은 수컷만은 못해도 3천 킬로그램에서 3500킬로그램 정도 나간다. 무거운 몸을 지탱하는 코끼리의 다리는 아주 굵고 단단한 뼈로 이루어져 있다. 그런데 이 육중한 코끼리가 뜻밖에 발자국을 크게 남기지 않고 사뿐히 걷는다.

코끼리의 경쟁력은 유연성에 있다. 코끼리는 나이가 들수록 더 커지는 몸집을 으스대기 위해서라도 늘 가뿐하게 움직일 수 있어야 했다. 몸집이 크고 무거울수록 유연성은 선택이 아니라 필수였기 때문이다. 덩치로 다른 동물들을 제압한다 한들 유연성을 잃으면 환경

이 바뀔 때 선택할 수 있는 폭이 좁아지고, 자신이 가진 막강한 힘을 아무 때고 충분히 발휘할 수 없다. 코끼리는 재빠른 동물들과의 먹이 경쟁에서 뒤지지 않기 위해 대응력을 강화했다.

코끼리 발은 넓적하다. 유제동물이지만 발바닥이 탄력 있는 가죽 패드로 되어 있다. 코끼리는 우제류나 기제류와는 좀 다른 유형의 발굽을 가진 동물이다. 지방에 쌓인 탄성 섬유가 발가락의 무게를 지탱하고 지방질이 몸무게를 분산시킨다. 따라서 발가락에 가해질 수 있는 엄청난 몸무게의 부담이 덜하다. 발의 구조가 관절과 근육을 보호하는 것이다. 비대한 몸통에다 다리가 기둥처럼 굵다랗지만 사뿐히 걷는 듯 보이는 것은 이 때문이다. 걸을 때마다 쿵쿵거리면 소리도 크게 나고 뼈에 무리가 갈 것이다. 코끼리는 앞발 디딘 곳을 뒷발로 다시 디딜 만큼 조심성이 있고 치밀한 편이다. 또 딱딱한 땅을 골라서 걸을 때가 많지만, 질퍽한 땅에서도 잘 빠지지 않고 발자국을 크게 남기지 않는다.

코끼리는 느긋하게 움직이는 동물이다. 걷는 속도는 평균 시속 6.8킬로미터 정도인데, 빨리 걸으면 10킬로미터쯤 된다. 펄쩍 뛰거나 솟구칠 수는 없지만 달릴 수는 있다. 사냥 위협에 놓이면 시속 40킬로미터로 달아난다.

__코끼리의 경쟁력은 유연성

코끼리의 유연성은 여기에서 그치지 않는다. 코끼리는 유연성을 바탕으로 먹이를 손쉽게 입에 넣는다. 코는 코끼리의 중요한 특징이자 남다른 강점이다. 코끼리는 머리가 무겁고 턱이 커서 여느 초식동물처럼 목을 길게 뽑아 입으로 먹이를 뜯어먹을 수가 없다. 그래서 선택한 생존 전략이 바로 코의 이용이다. 화석 자료에 나오는 초대형 포유동물의 코가 대개 코끼리처럼 긴 것도 이런 까닭이다. 코끼리의 코는 윗입술과 코의 근육이 확장되어 기다랗게 된 것이다. 코끼리는 코 덕택에 거대한 몸집에 부대끼지 않고 자질구레한 일까지 거뜬하게 처리할 수 있다.

코끼리의 코는 예민하면서도 강력한 근육 덩어리로 이루어져 있다. 10만 개나 되는 유연한 근육이 모여 있어서 코끼리는 웬만한 일은 코로 가뿐히 해결한다. 숨 쉬고 냄새 맡을 뿐 아니라, 마신 물을 뿜어내고 풀을 감아 뜯기도 한다. 나뭇잎을 다 먹는가 하면, 나뭇가지를 찢거나 아예 나무를 뿌리째 뽑기도 한다. 심지어 콩과 식물의 열매를 빼 먹을 만큼 정교한 일까지 한다. 코끼리가 코를 쭉 뻗으면 기린 키보다 높은 6미터까지 닿을 수 있다. 물웅덩이에서는 코로 샤워하며 먼지와 진흙을 몸에 바른다. 코끼리는 코끝에 두 개의 콧구멍뿐 아니라 돌기가 있어서 코로 물건을 잡을 수 있다. 아프리카코끼리는 코끝의 돌기가 둘이어서 손가락처럼 잡고, 아시아코끼리는 돌기가 하나라서 감싸는 것처럼 잡는다. 코끼리는 코로 물을 들이켜지 않는다. 코로 물을 4리터까지 빨아들인 다음 입에 넣어 마신다.

코끼리가 유연함을 유지하며 위엄을 갖춘 데에는 엄니 덕도 크다. 코끼리의 엄니는 흔히 상아라고 한다. 코끼리 상아는 위턱 양쪽의 두 번째 앞니가 어릴 때 젖니로 빠진 후 한 살이 될 때까지 어른 엄니로 바뀌어 자라난 것이다. 상아는 일생 동안 계속 자라므로 입 밖으로 삐쳐 나오며, 나이 많은 코끼리일수록 상아가 크다. 코끼리는 땅을 파거나 축축한 모래 속에서 물을 찾아낼 때 상아를 이용한다. 적을 공격하거나 자신을 보호하는 무기로도 쓴다. 코끼리가 그 큰 몸집으로도 별로 불편 없이 살 수 있는 것은 바로 코와 상아를 이용하기 때문이다. 그러나 수컷 코끼리는 나이가 많이 들면 몸과 상아가 너무 크고 무거워서 잘 돌아다니지 않는다. 늙으면서 근육과 뼈가 뻑뻑해졌기 때문이다.

이처럼 나이 들어 커진 몸집을 감당하기 어려워 잘 움직이지 않는 동물로는 코뿔소와 기린이 있다. 코뿔소와 기린 또한 평생에 걸쳐 몸집이 커지는 동물이다. 견딜 만한 크기를 넘어서면 사는 것이 힘겨워진다. 몸집 큰 수컷은 흔히 다른 수컷들을 누르고 짝짓기에 우선권을 갖지만, 늙어서 유연성이 떨어지면 더듬거리며 살게 된다. 유연성은 환경 적응력과 직결되기 때문이다.

생태계 돕는 코끼리의 사생활

 코끼리가 큰 몸집을 유연하게 관리할 수 있는 비결 가운데 하나가 열량이 낮은 식물을 먹는 것이다. 만일 코끼리가 고기나 기름같이 바로 소화되는 높은 열량의 먹이를 먹는다면 체온이 높아질 위험이 있다. 그렇게 되면 더위 속에서 일정하게 체온을 유지할 수 없을 것이고, 큰 몸집을 유지하며 살기 어려울 것이다. 그러나 코끼리는 식물을 먹으면서 천천히 양분을 흡수하고, 무더위 속에서 체온 유지를 잘하고 있다.

 코끼리는 체온 유지 쪽으로도 실력을 쌓았다. 코끼리의 귀는 체온 조절에 큰 도움을 준다. 아프리카코끼리의 귀는 아시아코끼리보다 배 이상 크다. 코끼리가 크고 얇은 귀를 펄럭거리면 귀 표면에서 혈액의 온도는 내려간다. 코끼리는 피부에 땀샘이 없다. 그러나 귀 뒤쪽 아래의 얇은 피부에는 모세 혈관과 소정맥이 수천 가닥 모여 있어서 귀를 펄럭이면 바람이 혈액을 식히고, 그 혈액이 머리와 몸으로 돌면서 체온을 5도 정도 낮추는 효과가 있다.

코끼리의 피부는 몸의 하중을 감당해야 한다. 이 때문에 몸통과 다리와 등판의 피부는 두께가 2.5~3센티미터 정도로 두껍다. 코뿔소의 피부 두께가 1.5~5센티미터로 울퉁불퉁 차이가 나는 것과 비교하면 코끼리 피부는 골고루 두꺼운 편이다. 그렇게 두꺼워도 촉각이 예민해서 파리 한 마리가 앉아도 코끼리는 바로 알아차린다. 코끼리의 귀 뒤쪽과 눈 옆과 가슴 쪽의 피부는 종잇장 두께 같아서 피부 호흡을 하는 개구리 피부처럼 얇다. 그래서 촉각이 더 예민하다. 특히 귀의 뒷부분 관절은 가장 부드러운 부분이어서 코끼리를 타는 사람은 귀를 잡고 방향을 조정하고 지시할 수 있다.

코끼리는 먹는 것으로 몸집 관리를 한다. 남 눈치 보며 허겁지겁 허기진 배를 채우는 것이 아니라, 오랜 시간에 걸쳐 느긋하게 먹으며 몸집을 불린다. 몸집이 크면 그만큼 많은 에너지가 필요하다. 코끼리는 열량이 적은 풀을 주식으로 하기 때문에 엄청나게 먹어야 한다. 그러다 보니 하루에 16시간쯤을 먹는 일에 쓴다. 그러고는 물 마시고 목욕하고 진흙에서 뒹군 다음 나머지 시간에 잠을 잔다. 코끼리 다음으로 몸집이 큰 흰코뿔소가 낮 시간의 반을 먹는 데 사용하는 것이나, 코알라나 나무늘보가 대부분의 시간을 잠자는 데 쓰는 것에 비하면 먹는 일에 부지런하다.

코끼리의 서식 넓이는 식물이 얼마나 풍부하게 자라는지에 따라 결정된다. 먹이가 까다로운 자이언트판다의 서식 범위가 대나무 잎이 자라는 곳에 한정되고, 하마가 물가를 크게 벗어나지 못하는 것과 달리 코끼리는 서식범위가 넓다. 코끼리는 대개 우기에는 풍성하게 자라는 풀을 먹는 동물이고grazer, 건기에는 나무의 싹과 잎을 먹는browser 동물이다. 하루에 200~300킬로그램에 해당하는 풀, 잎, 나뭇가지, 나무껍질, 열매, 씨앗, 꼬투리 같은 것을 먹는다.

코끼리는 물도 많이 마신다. 몸집이 큰 수컷은 하루에 200리터까지 물을 마시고, 빨리 마시는 것은 아니지만 한번에 100리터까지 들이켜기도 한다. 코끼리는 물을 좋아한다. 마시기만 하는 것이 아니라 웅덩이나 강에서 뒹굴면서 목욕도 한다. 주로 얕은 물에서 머물지만 이따금 깊은 물에 온몸을 담그고 잠수할 때도 있다. 좁은 웅덩이에서는 코를 이용해서 먼지와 진흙을 몸에 덕지덕지 바른다. 그러고 나서 나무나 바위에 벅벅 문지른다. 이렇게 해서 피부에 기생하는 벌레 따위를 없애고 몸을 깨끗이 하는 것이다. 코끼리가 오랜 세월에 걸쳐 그 나름으로 요령껏 터득한 목욕법이다. 물이 생활에 필요하지만, 코끼리는 물가에서 며칠 떨어져 지낼 수도 있다.

__ 사바나의 관리자, 코끼리

코끼리의 활동은 사바나의 여러 동물에게 혜택을 준다. 초원을 유지하는 데 큰 도움이 되기 때문이다. 코끼리는 상아로 나무껍질을 벗기는가 하면 뿌리를 캐기도 한다. 사바나에서 아카시아 나무를 뿌리째 뽑아 버릴 수 있는 동물은 코끼리밖에 없다. 특히 발정기의 수컷은 큰 나무를 밀어 뽑아 버리기도 한다. 이런 코끼리 때문에 사바나에는 툭 트인 초원이 확보된다. 그래서 그곳의 동물들은 촘촘한 나무 틈에서 서로 부대끼며 살아가지 않아도 된다. 나무가 뽑힌 자리에서는 풀이 자라기 마련이다. 거추장스럽고 먹을 것도 별로 없는 나무 대신에 부드러운 풀이 자라는 것이다. 그래서 가젤 같은 키 작은 초식동물도 싱싱한 먹이를 충분히 먹을 수 있다. 물론 코끼리의 이런 행동이 남을 돕겠다는 의지에서 비롯된 것은 아니다. 그저 힘껏 살다 보니 남에게 좋은 영향을 주는 것일 뿐이다.

아프리카 코끼리의 서식지인 사바나는 식물의 에너지 효율이 아주 높은 곳이다. 사바나는 풀이 자라기 좋은데다 뿌리를 뺀 몸 전체에서 광합성을 하기 때문에 쑥쑥 잘 자란다. 숲의 나무들이 줄기나 가지, 뿌리 비중이 큰 것과 차이가 있다. 이렇게 쑥쑥 자라는 초원의 식물이 바로 대형 포유동물의 먹이가 된다. 사바나는 먹이가 풍부하고 개방된 공간이라서 대형 초식동물이 살기에 안성맞춤인 곳이다. 건전한 흑자 경영을 하는 기업이 많아지면 국가 경제가 선순환을 하듯이, 사바나의 높은 생산성은 그곳 생태계를 풍요롭게 한다. 사바나는 숲으로 바뀔 수도 있지만, 대개 그렇지 못하다. 코끼리가 나무를 쓰러뜨리기도 하지만, 초식동물이 하도 많아서 나무가 제대로 자라기 어렵기 때문이다. 게다가 그나마 자라던 나무는 건기에 불이 나서타 버리기 일쑤라 좀처럼 숲으로 진행되지 않는다.

　코끼리의 덕을 보는 생물은 대형 동물만이 아니다. 코끼리 배설물을 발견한 흰개미나 풍뎅이는 이게 웬 떡인가 할지도 모른다. 게다가 코끼리의 배설물 속에서는 미처 소화되지 못한 식물의 씨앗들이 발아하는 일이 많다. 코끼리는 돌아다니면서 배설하므로 곳곳에 식물이 퍼지게 된다. 코끼리는 먹이의 대략 40퍼센트만 소화하고 나머지는 변으로 내보내는데, 이렇게 배설된 많은 양의 변은 비료 구실을 톡톡히 한다.

　이렇듯 코끼리는 영향력이 큰 동물이다. 생태계에서 가히 재벌급이다. 그의 생존 방식과 활동이 다른 것의 삶에 미치는 영향이 크다는 말이다. 코끼리는 하루에 제 몸무게의 5퍼센트에 이르는 식물을 먹는다. 따라서 먹이 획득에 넓은 면적이 필요하고 그만큼 영향을 미치는 범위도 넓다. 코끼리 무리가 휘젓고 나서면 주변의 식물은 한바탕 몸살을 앓는다.

＿ 서식지에 느리지만 큰 변화 준다

코끼리는 생태계의 우산종이자 중추종이며 핵심종이다. 세 가지는 크게 보아 같은 맥락에서 나온 말이다. 우산종umbrella species이라고 하는 까닭은 주변의 여러 생물종이 코끼리의 그늘 속에서 살기 때문이다.

생태계의 구조에 커다란 영향을 주는 우산종에는 코끼리나 코뿔소처럼 몸집 큰 초식동물, 그리고 곰이나 호랑이처럼 최상위의 포식자가 포함된다.

코끼리는 웬만한 일에는 열을 올리지 않는다. 짝짓기 경쟁 때나 후끈 달아오르는 정도다. 작은 일에도 수시로 흥분해서는 큰 덩치를 관리하기가 어렵기도 할 것이다. 코끼리는 몸집이 큰 만큼 움직임이 여유롭고, 심장의 박동도 느리다. 흔히 심장 박동 수는 작은 동물일수록 많고, 큰 동물일수록 적다. 뒤쥐는 1분에 1천 번, 쥐는 650번, 사람은 70번쯤 심장이 박동한다. 이에 비해 코끼리는 1분에 28번쯤 박동한다. 심장 박동 수는 동물의 수명에 반비례하는 경향이 있다. 빠르게 박동하는 동물은 수명이 짧고, 느리게 박동하는 동물은 대개 수명이 길다. 다만, 사람은 의약과 과학의 힘으로 평균 수명을 늘리고 있으므로 예외다.

코끼리는 서식지에 적지 않은 변화를 일으킬 수 있는 동물이다. 코끼리 무리가 덤불을 지나가면 주변의 풀이나 나뭇가지가 밟히고 꺾이게 된다. 그 자리는 다른 동물들의 이동 통로가 되는가 하면 빗물이 흐르는 길이 되기도 한다. 코끼리가 자주 지나다니면 땅의 다져지는 정도나 비옥도마저 달라진다. 토양의 침식이나 경화를 일으킬 수 있는 셈인데, 이 또한 수분 침투와 양분 순환과 맞물려 식물의 생장에 영향을 미친다.

코끼리나 코뿔소 같은 대형 초식동물을 일컬어 생태계의 건축가 또는 기술자라고 말하는 학자들이 있다. 그만큼 이들의 활동이 환경을 새롭게 만들어 내고 생물 다양성을 좌지우지하기 때문이다. 코끼리의 사생활私生活은 사바나의 다른 생물들에게 큰 영향을 미치는 공생활公生活이기도 하다.

지혜로운 암컷들의 무리

코끼리는 사회성 동물이다. 접촉하는 것을 좋아해서 어미와 새끼가 코와 발을 꼼지락거리며 서로 만지곤 한다. 이런 행동은 결속을 다지는 데 중요하다. 친밀도 면에서 보자면 돼지나 하마나 잉꼬 또는 북극 지방의 바다코끼리가 더하지만, 코끼리 모녀 또한 서로 수시로 접촉하며 유대를 돈독히 하고 사랑을 확인한다.

코끼리는 나이 많은 암컷 중심의 모계 사회다. 이들은 성숙한 사회를 구축하고 있다. 무리 사이에 힘을 앞세운 마찰과 충돌이 거의 없다. 오랜 세월에 걸쳐 경륜을 쌓은 암컷 우두머리의 위엄은 다른 코끼리들을 통해 저절로 드러난다.

코끼리 무리는 어미 코끼리와 그 자매, 그리고 그 딸 등 암컷 3대로 이루어질 때가 많다. 무리의 규모는 9~11마리 정도가 흔하다. 수가 많아지면 무리가 갈려 나가기도 하고, 같은 서식지에서 연합해

지내기도 한다. 같은 세력권에 있지만 서로 떨어져 지내는 무리끼리는 혈연관계인 경우가 많다. 코끼리는 관계 지향적인 동물이다. 우기가 지나고 건기가 다가오면 코끼리 무리의 규모가 커지고 이들은 함께 먹이를 찾아 이동한다. 떨어져 있는 가족끼리 소리로 서로 연락하는데, 너무 낮은 소리라서 사람은 잘 듣지 못한다. 코끼리는 가청 영역이 사람보다 훨씬 넓다. 흥분 상태에 있는 암컷과 수컷이 소리로 의사소통을 많이 한다. 코끼리에게는 후각이 가장 예민한 감각이지만, 낮게 우르르 내는 소리 또한 의사소통의 기본 수단이다. 낮은 소리로 물속과 공기 중에서 의사소통하는 하마도 그렇다.

코끼리는 시력이 나쁘다. 눈이 살 속에 묻혀 있는 두더지에 비할 바야 아니지만 먼 것은 거의 못 보고, 10~20미터까지 가야 비로소 볼 수 있다. 시력이 나쁜 대신에 코끼리는 청각과 후각 그리고 촉각이 좋다. 그래서 시력이 약해도 상황 판단을 잘한다.

할머니, 엄마, 그리고 딸 __

코끼리는 '공동 육아'를 하는 동물이다. 새끼의 처지에서 보자면 공동 어미allomother가 있다. 코끼리는 몸처럼 생각도 유연해서 가까운 인척 관계의 암컷들이 함께 새끼들에게 젖을 먹인다. 숙모나 이모가 낳은 새끼나 자매가 낳은 새끼도 함께 젖을 먹이고 보살핀다. 어린 코끼리는 젖을 떼고 5~6년이 지나 9살이 되어도 어미 곁에서 멀리 벗어나지 않는다. 어미와 딸의 관계는 50년 넘게 이어지기도 한다.

    암컷 코끼리는 폐경기가 지난 뒤에도 사람처럼 20년 넘게 사는 몇 안 되는 포유동물 가운데 하나다. 45~50살이 되면 임신 능력이 사라지는데, 나머지 기간은 어린 코끼리 돌보는 일을 도우며 지낸다. 손녀들을 돌보는 할머니인 셈이다. 인간의 수명이 길어진 이유 가운데 하나로 할머니의 역할을 들기도 하는데, 코끼리의 장수 비결도 할머니가 새끼를 돌보는 때문일지 모른다.

    코끼리 암컷은 10살에서 11살 정도가 되면 첫 번째 임신을 한다. 임신 기간은 약 2년이고, 대부분 한 마리의 새끼를 낳는다. 이때 다른 암컷이 출산을 돕는다. 새끼의 터울은 4년 이상일 때가 많아서 번식 속도가 느리다.

    코끼리 무리의 번성은 우두머리 암컷의 리더십에 달렸다. 우두머리 암컷은 무리의 이동 방향과 속도를 조절하고, 먹이를 찾아 흩어지는 범위와 먹이의 양도 결정한다. 주변에 있을지도 모를 위험 요소를 살피는 일 또한 우두머리 암컷의 중요한 임무다. 암컷들이 먹이를 먹을 때에는 어린 것을 무리 복판에 두어 보호한다. 자연 상태에서 50~60살쯤 되어 우두머리가 늙고 병들면, 그다음으로 나이가 많은 암컷 코끼리가 우두머리 자리를 이어받는다.

    암컷 무리 속에서 자란 어린 수컷은 12살 남짓 되면 특유의 공격성을 보이게 된다. 새끼를 거느린 암컷들이 더 참지 못할 상황에 이르면 수컷은 무리를 떠난다. 쫓겨난다는 말이 더 적합할 것이다.

동물의 가족 구조에 수컷과 암컷은 다른 영향력을 미친다. 수컷의 특성은 새끼를 배고 기르면서 좀 더 이성적 행동을 하는 암컷과 다르다. 수컷은 위험하고 불확실한 환경에서 성공적 짝짓기를 위해 적응하고 진화했다. 어린 수컷이 자기중심적 행동, 공격성, 잘못되거나 위험한 행동 등 이른바 '어린 수컷 증후군'을 보여 무리에서 제외되는 예는 많은 동물에서 흔히 볼 수 있다.

수컷은 짝짓기 철에만 가족

가족 무리를 떠난 수컷은 혼자 돌아다니다가 다른 수컷을 만나면서 무리를 이룬다. 아프리카코끼리의 수컷은 5~6마리씩 그룹을 지어 돌아다니며 먹이를 구하거나 다른 무리에 합류하기도 한다. 청년기의 코끼리는 비슷한 연령끼리 한 패를 이루곤 한다. 그러면서도 총각 코끼리 무리는 연령층이 다양하다. 수컷은 암컷 무리보다 멀리 돌아다니는 편이지만, 짝짓기를 할 때가 아니면 한두 마리의 동료와 함께 좁은 지역에 얌전히 머무는 경향이 있다. 그러나 발정기가 되면 난폭해진다.

    수컷은 짝짓기 철에만 암컷 무리에 합류한다. 발정기에 이르러 광폭해진 수컷은 귀와 눈 사이의 관자놀이 부분이 부풀어 오르면서 화학 물질을 분비한다. 수컷은 그 관자놀이 부분을 나무나 바위 등에 문지르면서 냄새를 풍긴다. 또 지독한 냄새가 나는 오줌을 거푸 누면서 흔적을 남기고 수시로 짝을 찾는 소리를 낸다. 이때 수컷은 초저주파의 낮은 소리를 내서 몇 킬로미터 밖의 코끼리에게 제 존재를 알린다. 사람은 이 낮은 소리를 잘 듣지 못하지만 아주 가까이 있을 때에는 진동을 느낄 수 있다.

이렇듯 코끼리 수컷은 짝짓기 철 특성이 두드러지는 방향으로 진화했다. 수컷은 발정하면 성적 행동이 부쩍 늘어나고, 공격성이 강해져서 나무를 뿌리째 뽑기도 한다. 코끼리 암컷은 발정기에 거친 태도를 보이는 수컷에게 더 매력을 느낀다. 그러나 발정기에 이른 수컷이 모두 짝짓기를 할 수 있는 것은 아니다. 나이가 많아 몸집과 상아가 큰 수컷에게 짝짓기 기회가 훨씬 많다. 25살이 넘으면 경쟁자로 나서기 시작하는데, 대개는 35살 이상의 수컷에게 짝짓기 차례가 돌아온다. 코끼리는 짝짓기나 새끼 낳기를 대개 우기에 한다. 우기에는 먹이가 풍부하기 때문이다.

코끼리는 우두머리에 대한 추종 본능이 있다. 그만큼 의리를 소중히 여기고, 우두머리의 진정을 확신하고 있기 때문이다. 그래서 우두머리 코끼리가 총을 맞는다든지 해서 위기에 처하면 무리 전체가 엄청난 혼란에 빠진다. 우두머리가 쓰러지면 다른 코끼리들이 달아나지 않고 그 자리에 남아 있을 때가 많다.

코끼리는 몸집이 워낙 커서 다른 동물들의 공격을 받는 일이 거의 없다. 다만, 새끼 코끼리는 사자나 하이에나의 공격을 받을 때가 있으며, 물가에서 악어의 공격을 받기도 한다. 그러나 대개는 어미의 보호를 받으며 무리지어 살기 때문에 크게 시달리는 일은 많지 않다. 위험한 상황이 닥치면 무리는 어린 코끼리를 둥그렇게 둘러싸고 방어진을 치기 위해 귀를 빠르게 펄럭인다.

코끼리 무리를 보면 로마 제국의 국가 운영이 연상된다. 로마 제국이 천 년에 걸쳐 패권을 쥘 수 있었던 것은 로마인들의 과감한 개방성과 포용력이 뒷받침되었기 때문이다. "모든 길은 로마로 통한다."는 말처럼 로마인들은 사방으로 길을 놓았지만, 중국의 진시황은 만리장성을 쌓고 안으로 문을 걸어 잠갔다. 로마인들의 유연한 사고와 적응력, 그리고 체제 운영이 없었다면 로마 제국은 그렇게 오래 가지 못했을 것이다. 몸집이 비대해지면 기동성과 적응력이 떨어지기 마련이다. 그러나 코끼리처럼 몸놀림과 생각이 유연하면 생명력은 탄탄해진다. 창의력 또한 마찬가지다.

코끼리는 감성 지수가 높은 것 같다. 유연하게 자신의 생각을 드러내며 상대방을 이끄는 것은 감성 지수가 높아야 할 수 있는 일이다. 가족 테두리를 벗어나 이웃에게도 관심과 애정을 품는 것은 착한 사회로 가는 밑바탕이다. 몸놀림만이 아니라 마음가짐도 유연해야 한다. 코끼리는 옳고 그름을 분별하는 동물로 비친다. 시비지심是非之心이 있다면 코끼리는 지智를 실행하는 동물일까? 그래서 자신감 있게 생태계를 휘어잡는 것일까? 서로 베풀고, 나누고, 섬기는 행동의 최대 수혜자는 바로 코끼리 자신이다.

코끼리 생명에 중요한 이빨

 코끼리가 유연하다는 것은 환경 대처 능력이 뛰어나서 여유가 있다는 말과 통한다. 요즈음의 아시아코끼리 암컷은 대부분 상아가 없다. 정확히 표현하면 엄니가 작아서 입술 밖으로 드러나지 않는 것이다. 특히 스리랑카의 코끼리는 암컷뿐 아니라 수컷도 상아가 잘 드러나지 않는다. 상아가 있는 코끼리는 드물어서 5~7퍼센트밖에 되지 않는다. 이는 2천여 년에 걸친 인간의 간섭 때문에 생긴 일이기도 하다. 상아를 탐낸 나머지 인간이 코끼리를 도살하면서, 상아가 드러나지 않는 코끼리가 살아남아 퍼졌다는 이야기다. 상아가 없는 코끼리는 눈앞에 닥친 일에 유연하게 대처하기가 어렵다. 다행히 아프리카코끼리는 암수 모두 상아가 돌출되어 있다.
 상아는 코끼리마다 다르게 생겼다. 코끼리는 상아로 나무껍질을 벗기고 땅을 파서 무기 염류를 섭취한다. 상아는 여러 형태로 닳기 때문에 코끼리를 키우는 사람들은 상아를 보고 코끼리를 구분한다. 오른손잡이가 있고 왼손잡이가 있듯이, 코끼리도 오른쪽 상아를 주로 쓰는 것이 있고 왼쪽 상아를 주로 쓰는 것도 있다. 상아의 무게는 평균 60킬로그램 정도로 사람 어른의 무게와 맞먹는다. 수컷의 큰 것은 무게가 110킬로그램쯤 나가고 길이가 2.5미터에 이르지만, 암컷은 60살의 것도 20킬로그램이 채 안 나가기도 한다.

코끼리는 개체수와 서식 범위가 20세기를 지나면서 적지 않게 줄었다. 인간의 거주지 확대와 상아를 노린 사냥이 주요 원인이다. 코끼리는 물가와 풀밭 사이를 오가는 습성이 있다. 사람은 그 길목을 지키고 있다가 코끼리를 잡는다. 더러 농작물을 보호하기 위해 코끼리를 잡을 때도 있다.

현재 코끼리는 남아프리카의 몇 나라에 한해서 보호를 받고 있다. 상아 수요가 많은 나라들이 수입 금지 조치를 취한 뒤 상아 값이 급격히 내려가면서 밀렵은 한결 줄었다. 수입 금지 조치가 지속된다면 살육을 막을 수 있어 코끼리의 생존에 도움이 될 것이다.

코끼리는 이빨이 닳으면 죽는다

코끼리의 이빨은 생존과 직결되는 요소다. 이빨이 닳거나 해서 없어지면 뭘 먹기가 어렵다. 그 바람에 스트레스 속에서 견디다 못해 이윽고 삶을 마감하게 된다. 그만큼 코끼리의 이빨은 수명과 관련이 깊다. 사람 말고는 뚜렷한 적이 있는 것도 아니고 환경 변화가 크게 두려울 것도 없지만, 늙고 병드는 데에는 어쩔 도리가 없다.

상아를 제외한 나머지 이빨들은 먹이의 소화에 중요한 구실을 한다. 코끼리 어금니는 아주 질긴 먹이인 섬유소를 갈아 먹기에 좋게 생겼다. 육식동물은 먹이를 찌르고 찢기 좋게 송곳니가 발달해 있는 반면, 초식동물은 어금니가 발달하고 송곳니는 아예 없기도 하다. 코끼리도 송곳니와 첫 번째 앞니가 없다. 물론 아래턱에는 앞니 두개와 송곳니가 모두 없다. 작은 어금니 세 개, 어금니 세 개가 양쪽으로 아래위턱에 있다. 코끼리는 양쪽 아래위턱에 한 개씩, 네 개의 어금니로 시작되어 평생 이빨 교체가 일어난다. 사람과 마찬가지로 동물들은 대개 수직 방향으로 이빨이 교체되는데, 코끼리는 특이하게 이빨이 뒤에서 앞으로 수평 방향으로 밀고 나온다. 새 이빨이 오래된 어금니를 뒤쪽에서 앞쪽으로 조각나 떨어져 나갈 때까지 밀어낸다. 이빨은 사는 동안 여섯 세트가 바뀐다. 40살 즈음에 다섯 번째 어금니 세트가 빠지면 여섯 번째 어금니 세트가 나온다. 그 마지막 어금니를 나머지 생애 동안 써야 한다. 70살쯤 되어 어금니가 다 닳으면 코끼리는 질긴 풀과 나무껍질 같은 먹이를 제대로 먹지 못하고 숨진다.

'생물의 생장은 다른 조건이 아무리 충족되어 있어도 가장 부족한 요소에 의해 결정된다.'고 하는 최소의 법칙 Law of minimum 은 코끼리의 삶과 죽음에도 적용된다. 이렇게 볼 때 코끼리의 생사를 결정하는 가장 부족한 요소는 이빨인 셈이다. 몸의 다른 부분이 별 탈이 없을 때를 전제로 한다면 말이다. 한 부분의 결정적인 허점이 보완되지 않으면 다른 강점이 많아도 소용이 없다. 그게 최소의 법칙이고, 닳아 버린 이빨 때문에 코끼리는 죽음을 맞이한다. 생물이 영원할 수 없는 것은 가장 약한 고리가 먼저 끊어지기 때문이다.

현재 남아 있는 아프리카코끼리의 개체 수는 40만에서 60만 마리 정도로 추정된다. 1930~1940년대에 300만에서 500만 마리에 이르던 것과 비교하면 현격히 줄어든 수다. 아프리카에서는 특히 1970년~1980년대에 감소폭이 컸다. 1981년에 130만 마리에 이르던 것이 5년 뒤인 1986년에는 75만 마리로 줄기도 했다.

아시아코끼리는 3만 마리쯤 남아 있다. 한때 인도와 태국, 베트남에 이르는 드넓은 범위에 걸쳐 많은 수가 살았으나, 인간의 거주지에 밀리면서 서식 범위가 아주 좁아졌다.

코끼리는 아프리카 전역 차원에서 보면 현저히 줄었지만, 아프리카 남부의 몇몇 지역에서는 과밀 상태가 문제가 되기도 한다. 따라서 되도록 여러 곳에서 코끼리의 수가 고르게 유지되는 것이 생태계의 앞날을 밝히는 일이다.

8

고래는 왜 바다로 들어갔을까

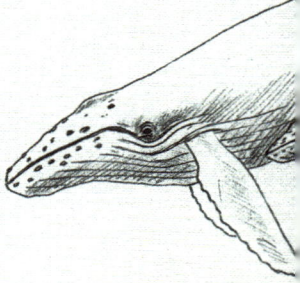

　지금으로부터 5480만~3370만 년 전의 일이다. 지구에 예전과 퍽 다른 생김새의 동물들이 나타났다. 현대의 포유동물 중에서 가장 오래된 것으로 꼽히는 동물들이 등장한 것이다. 원시 고래 또한 이 와중에 출현한 것으로 보인다. 이때는 지구 기후가 더워서 많은 양의 빙하가 녹았고, 해수면이 높았다. 고래는 바닷물의 양이 많던 이 시기에 연안의 얕은 물에 살던 발굽 동물 가운데 하나로 출현했다.

　고래는 하마와 유전적으로 가장 유사하다. 이 둘은 5천만 년 전에서 6천만 년 전 물을 좋아했던 공동 조상을 갖고 있다. 고래는 분자계통학적으로 되새김을 하는 소, 염소, 양, 사슴과도 가깝다. 반추동물은 위가 하나인 대부분의 동물과는 달리 복잡한 위를 갖고 있다. 고래 위는 대부분 방이 세 개고 때로는 방이 더 있기도 하다. 반추동물들은 과거 한때 물을 선호한 것으로 보인다. 현재 10종이 생존해 있는 꼬마사슴과의 경우, 대부분 마른 땅에서 살아가지만 적을 만나면 물속에 뛰어들어 몇 분간 잠수하는 종류가 있다. 고래와 가까운 친척인 하마도 위협을 받으면 잠수한다.

　고래의 애초 조상은 육상동물로서 부분적으로 수중생활에 적응했다. 발굽이 있는 늑대 비슷한 육식동물이 얕은 물에 엎드려 다가오는 먹이를 잡아먹으며 네 다리로 걷기도 하고 헤엄을 치기도 했다. 늑대처럼 다리가 길고 긴 꼬리와 긴 주둥이를 가진 이 동물은 물속을 헤쳐 나가며 움직였지만 육상동물 특징을 많이 갖고 있었다. 이후 고래는 1천만 년에 걸쳐 뭍에서 바다로 서식지를 이동하기 위해 몸의 구조가 바뀌어 갔다.

고래는 발굽 동물이었다

최초의 고래 조상은 뭍에서 살았다. 그러다가 물속 생활을 하는 고래로 변신했다. 어떻게 이런 터무니없는 일이 가능했을까? 믿기지 않지만, 잘 살펴보면 숱하게 지나치는 작은 기회들을 거머쥐어 도약의 발판으로 삼은 우리 주변의 성공 스토리 같다. 대수롭지 않은 일까지 그냥 넘기지 않고 꼼꼼히 챙긴 치밀함이 있기 때문이다.

　생물에게 돌연변이는 꽤 자주 생겨난다. 손상된 유전자는 곧바로 수리되곤 하지만, 생식세포의 유전자 암호에 생긴 변이는 자손에게 유전될 수 있다. 고래에게는 이것이 뜻밖의 기회가 되었다. 고래는 이 유전자를 활용해 바다에 좀 더 적응할 수 있었다. 그래서 바다 생활을 하는 고래가 육상 생활을 하는 고래보다 생존 확률이 높아지면서 더 많은 유전자를 퍼뜨렸다. 따라서 이런 유전자를 가진 자손이 늘어났다. 육상에 적응하지 못한 약점이 사라지면서, 새로운 서식지에 적응하며 키운 특성이 차츰 고래를 지배하게 된 것이다. 고래의 서식지 변화는 이렇게 시작되었다.

화석 자료로 보건대, 초기 고래는 척추를 흔들며 뒷발로 밀면서 불완전하게 헤엄쳤을 것으로 여겨진다. 그 뒤 넙다리뼈는 현저히 줄어들고 꼬리가 발달하면서 이를 이용해 헤엄치게 되었다. 고래의 척추 움직임은 사람이 척추를 구부리는 방식과 같다. 척추 뼈는 단단하면서도 움직임이 유연해졌고, 꼬리뼈도 단단해져 꼬리 부분을 강하게 흔들며 헤엄칠 수 있게 되었다.

현대 고래의 뼈에도 고래가 먼 옛날에 육상 동물임을 보여 주는 흔적이 나타난다. 봉처럼 생긴 골반의 흔적이 있고, 넙다리뼈와 정강이뼈 모두 체벽의 근육 안에 깊숙이 박혀 있다. 이 뼈들은 초기 종에서 두드러지고, 후기 종에서는 덜 두드러진다.

몇몇 고래 종류는 골반 크기가 많이 줄어들었는데, 이런 골반은 달리 기능이 없고 그저 흔적기관으로 남아 있다. 고래가 육상 동물이었음을 알려 주는 또 다른 물증이 있다. 요즘 고래는 뒷발이 없는데, 향유고래나 수염고래를 살펴보면 뒷다리가 있던 흔적이 드러난다. 심지어 발가락 흔적까지 있는 것도 있다. 이 모두가 고래의 과거를 말해 준다.

고래 조상은 어떤 모습이었을까

현대의 고래는 앞지느러미로 방향을 잡고 나아간다. 앞지느러미는 고래의 앞다리가 바뀐 것이다. 고래의 팔뼈는 짧아져 편평해지고, 손목뼈는 원반처럼 변했고, 손가락은 몇 배로 길어졌다. 팔꿈치는 거의 움직일 수 없어서 단단한 지느러미를 형성하게 되었다. 어깨뼈는 편평해지고 쇄골은 없어졌다. 목뼈는 짧아지고 부분적으로 융합되면서 하나의 뼈 뭉치가 되었다. 융합된 목뼈는 헤엄칠 때 고래에게 안정감을 제공한다. 몇몇 종은 등에 등지느러미라고 알려진 지느러미가 있다. 고래의 등지느러미는 조직과 연결되어 딱딱하지만 뼈의 지지를 받지 않는 살로 이루어져 있다.

명백한 고래 조상의 초기 화석은 에오세 초기에서 중기에 이르기 직전인 5천만 년 전쯤의 것으로 밝혀졌다. 그런데 이 화석을 보면 뒷발의 발가락이 발굽으로 되어 있다. 이것은 그 조상이 유제동물이었음을 의미한다. 이 고래는 뼈 구조로 보아 척추를 아래위로 흔들고, 뒷발로 밀면서 헤엄을 쳤을 것으로 보인다. 이런 방법으로 헤엄치는 수생 포유동물은 뒷발이 퍽 크다. 이 화석을 고래의 조상으로 판명한 이유는 귀의 구조에 있다. 귀뼈 모양이 고래의 특징을 띠고 있는데 이는 다른 동물에서는 찾아볼 수 없는 구조이기 때문이다.

이 무렵의 고래 조상은 다리가 있었고, 웬만큼 땅 위를 걸을 수 있게 골격이 갖추어져 있었다. 그러나 뒷다리의 대퇴부에 걸을 때 필요한 커다란 근육의 부착점이 없었다. 따라서 제대로 걷지는 못했을 것으로 여겨진다. 아마 오늘날 바다사자가 보여 주는 정도의 걸음걸이였을 것이다. 뒷발을 앞으로 회전하면서 나아가고 휜 척추와 앞발의 도움을 받아 땅 위를 뒤뚱거리며 걸었을 것이다. 헤엄치는 모습도 바다사자와 유사했을 것으로 보인다. 다리가 지느러미로 바뀐 오늘날의 바다사자는 헤엄칠 때 마치 손바닥으로 물을 탁 친 후 팔을 뒤로 기울여 미는 동작처럼 앞지느러미를 움직이며 나아간다. 앞지느러미보다 짧은 뒷지느러미로는 방향을 잡는다.

고래 조상의 팔목은 오늘날의 고래와 달리 유연하고, 꼬리는 길었다. 목뼈는 요즘 고래보다 좀 길었고, 목이 유연하고 주둥이가 길었다. 이 고래의 크기는 바다사자만 한 것으로 알려져 있다. 헤엄을 잘 칠 수 있게 고래꼬리가 발달한 것은 에오세 중기에 이르러서다. 이 시기의 고래는 꼬리 덕분에 헤엄치기가 한결 수월했을 것이다. 아직 원시적인 육상 생활의 특성이 남아 있긴 하지만, 도전을 즐기던 고래에게 일어난 획기적인 변화였다.

고래의 고단한 이중생활

이때의 고래는 넙다리뼈가 많이 짧아져서 조상보다 육지를 잘 걷지 못하게 되었다. 목뼈는 짧아지고 등뼈 위쪽은 커졌는데 단단한 몸통 근육과 꼬리근육이 여기에 연결되어 근육이 좀더 큰 힘을 낼 수 있게 되었고, 헤엄이 힘차졌다. 고래의 엉치뼈 4개는 사람의 경우와 달리 붙어 있지 않아서 척추 움직임이 유연하도록 도와주었고, 단단한 꼬리를 힘차게 위아래로 움직이며 앞으로 밀고 나갈 수 있게 되었다.

에오세 중기의 고래는 차츰 수중 생활에 적응해 갔다. 그러나 변변한 하드웨어를 갖추지 못한 까닭에 물과 뭍을 오가는 고단한 생활이 이어졌다. 이중적인 삶의 방식을 병행하면서 어느 곳에도 잘 맞지 않고, 몸집 크기나 생존 방식에 제한이 따를 수밖에 없는 것이 이 무렵 고래의 신세였다.

고래의 콧구멍이 머리 위쪽으로 옮겨져 몸을 물에 담근 상태로 공기 호흡을 할 수 있게 된 것은 에오세 중기 후반과 에오세 말에 이르러서다. 이때는 꼬리로 헤엄쳤음이 분명하게 드러난다. 이 동물은 길고 얇아서 언뜻 보기에 뱀처럼 생겼지만, 고래의 조상으로 판명되었다. 좀 다른 특성도 있었으나 현대 고래로 진화하는 과정에서 연결 고리를 이루는 동물임은 틀림없어 보인다.

화석으로 파악컨대 이 동물은 척추가 길어서 몸 또한 아주 길었다. 뒷다리는 기이할 만큼 작아서 몸길이 15미터 가운데 60센티미터밖에 되지 않았다. 다리가 너무 작고 골반은 척추에서 분리되어서 제 몸무게를 지탱하기 어려운 상태였다. 말하자면 육상 생활을 거의 벗어난 단계였던 셈이다. 이 고래의 조상이 대부분의 시간을 물속에서 보냈다는 증거는 두개골에서도 나타났다. 커다란 콧구멍이 치열의 뒤쪽으로 이동한 것이다. 머리 위쪽에 위치한 콧구멍은 수중 환경에 적응한 포유동물의 특성이다.

바다 동물로 변신하다

서식지 전환에 제대로 성공한 고래는 에오세 말에 이르러 등장했다. 수중 생활에 완전히 적응한 고래가 나타난 것이다. 이 무렵부터 고래는 육상에서 걸어 다닐 수 없었다. 뒷다리가 체벽 바깥으로 아주 조금밖에 돌출되어 있지 않은 것이 그 증거다. 그때부터 고래는 다리 크기가 현저히 줄어들고 육지 생활을 마감했다.

고래는 에오세 동안 변신을 거듭했고, 그 뒤 올리고세 말에 발견된 화석에서는 뒷다리가 퇴화되고 앞다리가 지느러미 형태로 바뀌어 수중 생활에 적응력이 높아진 모습을 보여 준다. 바다 동물로 완벽하게 변신한 것이다.

올리고세 말 무렵의 고래는 바다에서 사는 데 좀 더 잘 적응했기 때문에 광범위한 곳에서 화석이 발견된다. 드디어 고래가 육상을 오가던 고단한 여정을 마친 듯하다. 화석을 보면, 고래의 조상이 수중 생활에 적응하기 위해 버린 것이 무엇이고 강화한 것이 무엇인지 뚜렷하게 나타난다. 고래는 바다 속의 삶을 선택했고, 이에 집중하면서 놀라운 진화를 이루었다.

고래의 화석 기록을 정리해 보면, 연대순으로 환경학적 자료를 제공할 뿐 아니라 형태학적으로도 일련의 흐름이 읽힌다. 특히 화석 연구를 통해 고생물의 변천을 살펴보는 연구 자료는 고래 역사의 기록 증거라고 할 수 있다. 고생물학 자료에 나타난 고래는 수중 생활을 위한 적응력 강화, 즉 현대 고래로 변화하기 위한 과정을 치밀하게 밟은 동물임이 드러난다.

고래는 왜 바다로 들어갔을까

육상 생활을 하던 고래가 왜 바닷물 속으로 들어간 걸까? 고래의 선조가 육상에 살던 신생대 초기 상황과 그때의 서식지를 분석해 보면 왜 그랬는지 실마리가 잡힌다. 중생대 동안에는 파충류가 육상뿐 아니라 바다에서도 우위를 점하고 있었다. 바다악어를 비롯한 여러 해양파충류는 저희가 해변으로 몰아낸 해양포유동물을 잡아먹으면서 풍요로운 삶을 즐겼다.

그러나 해양파충류는 중생대를 마감하게 만든 급격한 환경 변화를 견뎌 내지 못했다. 매서운 포식자가 사라지고 나니 해양의 포유동물은 신세가 바뀌었다. 육지로 둘러싸인 만에 갇혀 근근이 버텨 오던 궁색함을 면하게 된 것이다. 파충류가 떠난 빈 공간에 신생대 초기 포유동물은 퍼져 나갔고, 새롭게 바뀔 수 있는 가슴 설레는 기회를 맞았다. 파충류는 우세종으로 더 남지 못했고, 포유동물은 대뜸 새로운 지위를 거머쥐었다.

따라서 바다는 고래뿐 아니라 물개, 물범, 바다코끼리 같은 갖가지 포유동물이 발달하고 도전할 만한 장소가 되었던 것이다. 종의 분화에 탄력이 붙는 진화가 이루어지면서 빠른 속도로 여러 해양포유동물이 생겨났다.

고래는 신생대의 여러 포유동물 중에서도 유달리 제한된 서식지에 길들여지는 데 만족하지 않았고, 넓고 열린 공간을 향해 변화했다. 고래는 현재 지구에서 가장 큰 몸집을 지닌 동물로 극지방에서 적도의 바다까지 휘젓고 다니면서 자유를 만끽하고 있다.

고래의 진화는 장엄한 드라마

초기 고래의 이빨 화석에서는 민물을 마신 흔적이 나타나고, 후기 고래 화석에서는 짠물을 마신 흔적이 나타난다. 이는 육상 동물이 담수 서식지를 거쳐 해수에 적응했다는 증거다. 현대 고래의 조상은 서식지를 바다 쪽으로 옮기면서 소금물을 마시는 데 적응해야 했다.

해수로 들어간 고래의 화석에서는 해양에서 사는 단세포 동물인 유공충류와 다른 미세 화석이 함께 발견되었다. 이들 화석으로 수심을 추정하면, 초기에는 얕은 바다에 있다가 차츰 깊은 바다로 들어갔고, 드디어 해변 환경을 벗어나기에 이른다.

앞서 말한 대로 고래는 발굽이 있던 육상 포유동물을 선조로 두고 있다. 그런데 그 시기가 지난 뒤에는 고래 조상의 화석이 여러 육상 동물과 함께 발견되기도 하고, 수생 동물의 퇴적물과 함께 발견되기도 한다. 이들은 습윤한 환경에서 지내며 담수에 잠깐씩 들어갔던 것으로 보인다. 육식성 상어처럼 물고기를 잡아먹던 이빨이 있고, 청력 면에서는 수중 생활보다는 육상 생활에 더 잘 적응했던 것으로 여겨진다.

고래 초기 화석의 발견 범위는 좁다. 처음 출현했을 때의 지리적 범위를 벗어나지 못한다. 완전히 수중 동물로 진화하기 전까지는 지구 곳곳에 널리 퍼져 살지 않았다는 이야기다. 초기 조상은 중앙아시아에서만 발견되었고, 그 뒤 수중 생활에 적응하기 시작한 초기 조상은 파키스탄에서만 발견되었다. 이보다 진화한 고래는 좀 더 여러 곳에서 볼 수 있다. 바다에서 살게 되면서는 고래의 서식 분포가 더 넓어진다. 현대의 고래와 비슷하게 진화한 화석은 남아시아에서 미국의 대서양 연안과 캐나다의 태평양 연안에 이르기까지 광범위한 지역에서 발굴된다.

수중 생활의 비밀은 청각 기관

뭍에서 살던 고래가 느닷없이 바다로 뛰어든 것은 아니다. 고래의 신체 변화 가운데 중요한 것만 꼽아도 두개골의 모양, 이빨의 모양, 콧구멍의 위치, 앞다리와 뒷다리의 크기와 구조, 귀의 구조 변화 등이 있다.

고래는 청각을 예민한 감각으로 사용한다. 뇌신경 중에서 달팽이관과 연결된 청신경의 크기가 어느 동물의 것보다도 크다. 물은 공기보다 밀도가 높아서 소리 전달 속도가 공기보다 훨씬 빠르다. 그래서 물속에서는 빛에 근거한 시각보다 소리로 다양한 정보를 주고받기 좋다. 고래는 시각과 후각이 약하다.

반향정위로 사물의 삼차원을 이해하는 돌고래는 분기공과 부비강을 통해 소리를 만들고 머리에 있는 지방조직 '멜론'을 이용해 음파를 내며, 반향음의 진동은 아래턱의 '음향창'으로 감지한다. 진동은 지방이 차 있는 공간을 지나 내이로 전달되고 청신경을 통해 뇌에서 인식한다.

고래는 귓바퀴가 없는 대신, 소리의 진동을 모으는 외이도外耳道가 머리 표면을 향해 관의 형태로 가늘고 길게 연결되어 있다. 귓바퀴가 없는 것은 물범도 마찬가지이지만, 외부 소리를 내이로 연결하는 외이도가 고래처럼 가늘고 길지는 않다. 반면에 물개 종류는 귓바퀴가 있다. 외이도는 좁아서 아무리 큰 고래라도 겨우 직경이 3밀리미터 정도의 관이 피부에서 외부로 열려 있을 뿐이다. 외이도의 안쪽에는 가늘고 긴 원뿔모양의 왁스로 된 귀마개가 고막을 덮고 있다. 이 가느다란 외이도가 제대로 기능하는지는 잘 알려져 있지 않다. 쓸모없는 흔적기관일 수도 있다.

고래 중이의 이소골을 이루는 세 개의 뼈는 두껍고 조밀하게 밀집되어 단단하다. 수염고래와 이빨고래 모두 이소골을 비롯한 귀뼈가 콩 모양의 캡슐로 둘러 싸여 청각융기 Tympanic bulla 를 형성하고 있다. 이 내이 구조물은 고래의 특징이다. 두개골의 진동은 이 구조물을 통해 내이의 달팽이관 림프액 진동을 일으키고 그곳에 있는 감각모를 자극해 전기 신호로 뇌에 전달해서 소리를 인식하게 된다.

　　육상과 수중은 환경이 아주 딴판이므로 오랜 세월에 걸쳐 차근차근 적응력을 키우지 않고서는 서식지를 바꿀 수가 없다. 육상에서 수중으로 서식지를 옮겨 가던 고래에게는 막힌 것이 뻥 뚫리는 듯한 변화가 여러 차례 일어났다. 그 가운데 하나가 귀의 변화다. 외이와 중이의 변화는 이미 초기 고래에서 관찰된다. 내이에 위치하며 균형을 잡는 기관인 세반고리관은 크기가 작아졌다. 그래서 회전하는 움직임에도 어지럽지 않게 되었다. 이런 청각 관련 화석 자료는 고래가 육상 동물에서 수중 동물로 진화하는 과정을 잘 보여 준다. 세반고리관 변화는 여기에 큰 도움이 되었다.

고래 뼈 구조는 사람과 거의 같다

고래가 수중 생활에 익숙해지도록 진화하는 과정에서 청각 장치는 두개골의 뒤쪽으로 이동했다. 두개골이 일련의 변화 과정을 거치면서 턱이 앞으로 확장되었기 때문이다. 위턱은 뒤쪽으로 밀리면서 콧구멍이 두개골의 위쪽으로 옮아갔으며 뒷날 고래가 물을 뿜는 분기공으로 진화했다. 이런 콧구멍의 위치 변화 또한 완벽한 수중 생활을 염두에 둔 포석이다. 이빨고래는 분기공이 하나인데, 수염고래는 분기공이 둘이다. 따라서 숨을 내쉴 때 이빨고래와 수염고래의 물 뿜는 모양은 서로 다르다. 수염고래는 V 자가 만들어진다.

고래는 공기 호흡을 한다. 다만, 무의식적으로 호흡하는 다른 많은 동물과 달리 언제 숨을 쉴 것인지를 결정하고 호흡한다. 또 고래의 갈비뼈는 매우 유동적이다. 어떤 종류는 갈비뼈가 척추와 떨어져 있기도 하다. 그래서 깊이 잠수할 때 흉부를 압축할 수 있다. 또 수면으로 올라와 호흡을 할 때는 흉부를 크게 확장할 수 있다. 효율적인 호흡을 위해 고래는 갈비뼈까지 진화했다.

고래는 뼈 구조가 사람과 거의 같다. 척추의 구조도 비슷하다. 그러나 다리는 지느러미로 바뀌었다. 수중 생활을 위해 자연선택된 하드웨어는 외모와 신체 구조의 변화로 나타났다.

고래와 돌고래는 하마와 멧돼지처럼 짝수의 발굽을 지닌 우제류의 후손이다. 이들의 뼈 구조에 변화가 일어난 것은 포식자를 피하거나 먹이를 구할 때 헤엄을 치는 게 나았기 때문이었을 것이다. 육상 동물 가운데 가장 가까운 친척으로 알려진 하마와 비교하면, 고래는 드넓은 곳에서 자유를 만끽하며 뚜렷한 신분 상승을 이룬 것처럼 보인다. 만약 가능성을 포착해 활용하는 일에 게을렀거나 더 넓은 세계를 향한 꿈과 열정이 없었다면, 고래 또한 갑갑한 곳에서 복닥거리며 살아야 했을 것이다. 고래는 자신을 얽매던 틀에서 벗어나기 위해 승부수를 띄웠고, 이겼다. 뭍에서 살던 고래가 오랜 세월이 흐른 뒤 마침내 바다를 주름잡게 된 이야기는 진화의 역사에 담긴 한 편의 장엄한 드라마다.

고래의 흔적기관들

고래는 본디 몸이 털로 덮여 있던 포유동물이다. 지금도 많은 고래가 자궁 속에서 자라는 동안에는 털이 난다. 그러다가도 태어난 뒤에는 대개 털이 없는데, 몇몇 종은 분기공 쪽에 털이 나서 그걸 감각모로 이용하기도 한다. 뭍에서 바다로 간 고래는 이렇듯 과거의 흔적을 몸에 지니고 있다. 수염고래는 이빨고래에서 진화한 것으로 보인다. 몇몇 수염고래는 배 발생 단계에서 이빨이 발달하기 시작한다. 그러나 털처럼 이빨도 출생 전에 사라진다. 이빨은 공동의 조상에게서 물려받은 것으로 해석된다.

고래의 몸에는 흔적기관이 많다. 특히 감각 기관 쪽에서 과거의 흔적이 많이 나타난다. 대부분의 고래는, 있지도 않은 외이의 귓바퀴 쪽으로 작은 근육이 많이 뻗어 있다. 이렇게 쓸모없어 보이는 근육 가닥들이 있다는 것은 고래가 육상 동물이던 시절에 귀를 움직일 수 있었음을 말해 준다. 몇몇 고래는 귓바퀴의 흔적을 지니고 있다. 귓바퀴와 연관된 근육이 위축되어 있거나, 몇몇 종은 피부 밑에 귀의 연골이 남아 있다. 겉으로 귀가 드러나지 않는 동물의 몸에서 헤엄칠 때 효율을 떨어뜨릴 수 있는 흔적이 나타나는 것 또한 조상이 육상 동물이라는 증거다. 배 발생 단계에서도 이런 흔적을 엿볼 수 있는데, 귓바퀴 흔적이 나타나다가 출생 전에 사라진다.

고래는 뇌에서 후각이 차지하는 면적이 줄었다. 후각이 약해졌고, 이빨고래에서는 아예 그 기능이 없는 경우도 있다. 후각을 느끼는 후엽은 하등한 척추동물에서 잘 드러나고 고등한 척추동물에서는 줄어드는 경향이 있다. 고래는 후각 면적이 넓어도 후엽은 크게 줄어서 후각 기능이 부족하다. 이것은 바다에 같이 사는 물고기들과는 구분되는 특성이다.

많은 종류의 현대 고래는 후각 신경의 흔적만을 지니고 있음에도 몇몇 고래는 후각을 인지하는 뇌엽이 태아 단계에서 생기다가 사라진다. 아울러 발생 단계에 있는 고래의 배에서는 콧구멍이 여느 포유동물처럼 주둥이 끝 쪽에서 먼저 나타난다. 그러나 태아로 발달하면서 콧구멍은 머리 꼭대기 쪽으로 옮겨지고 이윽고 분기공을 형성한다. 이처럼 고래는 배 발생 단계에서 자신의 진화 정보를 여럿 알려준다.

해양 동물로 살게 된 고래는 서식지의 범위 제한과 억압 조건을 스스로 벗어났다. 연안 생태계의 변방에서 숨죽이며 살아가던 고래가 일찍이 생태계에서 볼 수 없던 커다란 몸집으로 휘저으며 온 바다를 저희의 영역으로 만든 것이다. 흰긴수염고래는 지구 역사를 통틀어 몸집이 가장 큰 동물로 꼽힌다. 흰긴수염고래 큰 것은 몸무게가 200톤이 넘고 길이가 30미터에 이른다. 이제 고래가 육상 생활로 되돌아가는 건 불가능해 보인다. 육상에서는 체중에 눌려 견딜 수가 없을 것이기 때문이다.

고래는 모두 돌고래처럼 똑똑할까

오늘날 고래는 인간 때문에 고난을 맞고 있다. 몸집 큰 고래는 사정이 더 나쁘다. 19세기 이후 고래는 포경업의 발달로 빠른 속도로 수가 줄어들었다. 인간은 고기와 기름, 고래수염과 향유를 얻으려고 옛날부터 고래를 잡았다. 특히 과학 기술을 동원한 고래잡이 때문에 20세기 중반에 많은 개체군이 사라졌다. 이로 말미암아 1986년 국제포경위원회는 상업 목적의 포경을 금지시켰다. 그러나 크기가 작은 고래는 물고기 보호 차원에서 포경이 허용되고 있다.

해군 장비로 주로 사용되는 수중 음파탐지기는 고래에게 큰 고통을 준다. 이 음파는 고래 사이의 의사소통을 교란한다. 돌고래의 집단 자살과도 관련이 있는 것으로 알려져 있다. 높은 수압을 견디며 잠수 중인 고래에게 수중 음파탐지기는 스트레스를 안길 수밖에 없다. 또 석유와 가스를 채굴하기 위해 벌이는 지질 테스트는 고래의 청력과 반향정위 능력에 해를 줄 수 있다. 자기장을 교란시켜 고래가 해변으로 밀려오는 원인이 될 수도 있다. 고래는 선체나 제대로 조절되지 않은 어선의 전동 장치와 때때로 충돌한다. 그뿐 아니라 사람이 버린 독성 물질 때문에 해를 입는 일도 늘어나고 있다.

흔히 고래는 7살에서 10살이 되어야 생식 연령에 이른다. 새끼는 한 번에 한 마리를 낳는다. 태어날 때 새끼는 꼬리부터 나옴으로써 익사 위험을 최소화한다. 어미 고래는 새끼의 입 속으로 젖을 분사한다. 젖을 먹이는 기간이 한 해가 넘으며, 어미와 새끼 사이는 아주 끈끈하다. 소산小産 전략은 소사小死로 이어져 고래는 높은 생존율을 보인다. 많은 종의 암컷은 여러 번 다른 상대와 짝짓기를 한다.

고래의 피부는 물에서 살기 좋게 적응되어 있다. 현미경으로나 볼 수 있는 아주 작은 돌기로 둘러싸인 구멍으로 덮여 있다. 피부 세포 사이의 구멍을 통해 고무 같은 젤라틴 질이 분비되는데, 미생물을 공격할 수 있는 이 물질은 효소를 함유하고 있어서 고래의 몸을 보호한다. 고래는 스스로 사망률을 낮추고, 스스로 바다 환경을 이겨 낼 힘을 쌓았다. 그러나 인간이 개입한 바다 환경은 이들에게 어느덧 다사多死의 조건으로 바뀌고 있다. 과연 고래가 인간이 교란하고 있는 바다 환경에서 다시 도약할 수 있을지 궁금하다.

고래는 뇌가 발달하지 않았다?

물속에서 살게 된 고래는 의식적인 호흡을 위해 잠을 잘 때 두 개의 뇌반구 중에서 한쪽 반구만 자는 것으로 알려져 있다. 고래는 하루에 8시간쯤 자는 것으로 보인다. 푹 자는 것은 아니지만 그래도 휴식은 된다. 고래의 몸은 산소 없이도 오랫동안 물속에서 머물도록 적응되어 산소 효율성이 아주 높다. 향유고래는 숨을 한 번 들이마시고 2시간 동안 견딜 수 있다.

논쟁의 여지는 있지만, 고래의 뇌는 먼 조상이 4천만 년 전에 바다 생활을 시작한 이래 주목할 만한 진화가 이루어지지 않았을 가능성이 있다. 뇌의 발달도 진화의 관점에서는 자연선택의 원칙에 따라 이루어진다. 지능 발달은 동물의 다른 능력과 마찬가지로 자발적으로 이루어지는 것이 아니라 환경의 압력을 받으며 이루어진다. 인간의 뇌 또한 육상 환경을 극복하고 살아남기 위한 자연선택의 압력 속에서 진화했다. 두 다리로 걷고, 엄지를 다른 손가락과 맞댈 수 있어서 도구 사용이 용이하며, 환경을 조작하는 인간의 독특한 적응은 선순환으로 이어졌다. 그래서 인간은 두뇌가 발달했고, 몸집에 비해 크고 정교한 뇌를 갖게 되었다. 인간의 극심한 경쟁 환경은 앞으로도 지능 발달이 매우 빠르게 이루어질 가능성을 내포하고 있다. 이 또한 생존의 원리에 근거한 자연선택에 의한 것이다.

그런데 바다로 들어간 고래는 육상 동물과 달리 가뭄이나 추위와 같은 극심한 환경 변화를 겪을 필요가 없었다. 즉 몇 천만 년에 걸쳐 고래는 뇌의 진화를 촉진할 만한 환경적 자극에 노출되지 않았다는 것이다.

고래는 비교적 안정된 환경에서, 그리고 포식자도 별로 없는 곳에서 산다. 해양 환경에 적응하면서 몸집은 커졌지만, 생활 방식은 특별하다고 보기 어렵다. 그저 아주 작은 뇌를 가진 물고기와 같은 방법으로 먹이를 먹고 헤엄치면서 산다.

모든 고래가 돌고래 같지는 않다

사람들은 흔히 돌고래를 떠올리며 고래 종류는 지능이 높을 것으로 여긴다. 동물의 지능 지표는 대뇌반구가 얼마나 용량이 커지고 기능이 향상되었는지 나타내는 지능지수로, 체중에 대한 뇌 무게의 비율을 흔히 사용한다. 이 지표에 따르면 돌고래 중 지능이 가장 높은 큰돌고래 common bottlenose dolphin 는 실제로 고양이보다 지능이 배 이상 높고, 침팬지의 지능 지표에 근접해 있다.

큰돌고래의 지능은 지구상의 다른 모든 동물들을 제치고 대형 영장류나 사람에 맞설 만하다. 고래 종류별로 체중에 대한 뇌 무게 비율을 비교해보면, 큰돌고래는 뇌 무게가 체중의 1퍼센트인 반면, 범고래는 0.1퍼센트, 향유고래는 0.02퍼센트에 그친다. 긴수염고래는 몸집은 엄청 큰데 뇌 무게는 7킬로그램이 채 안 되어 겨우 0.008

퍼센트다. 참고로 사람의 뇌 무게는 체중의 대략 2.3퍼센트, 소는 0.08퍼센트 정도로 짧은부리참돌고래와 비슷하다.

이처럼 고래는 종류별로 뇌 용량 자체는 물론, 뇌 무게가 체중에서 차지하는 비율에도 차이가 많다. 게다가 고래의 몸이 큰 것은 몸에서 지방이 차지하는 비중이 워낙 크기 때문인데, 지방은 뇌의 조정에 영향을 받는 곳이 아니기 때문에 뇌 크기와 상관없다는 점도 고려해야 한다. 따라서 고래는 종에 따라 지능지수에 차이가 있고, 대체로 바다 속 환경에서 세밀한 지능이 필요 없었을 것으로 짐작할 수 있다.

그렇다고 고래가 발전을 전혀 도모하지 않은 것은 아니다. 고래는 크고 작은 몸집으로 서로 다른 먹이와 생존 방식을 달리하며 각자의 특성을 찾아갔다. 고래는 여러 종으로 분화되었고 다양한 모습으로 바다를 누비고 있다. 몇몇 고래는 정교한 사회 조직을 갖추고 있고, 예민한 청각을 이용한 의사 전달 시스템은 언어적 요소를 띠고 있다.

몸집 작은 물고기들에게 해류와 수심과 수온, 광도와 해저 암반 등은 큰 변화로 다가온다. 하지만 몸집 큰 고래에게는 별다른 자극이 되지 않는다. 이처럼 고래는 자신감을 은근히 내비치며 다양한 모습으로 공존하고 있다. 앞으로도 고래는 여전히 바다 생태계의 리더로 군림할 것이다.

용어 설명

경쟁적 배제의 원리 competitive exclusion principle　　같은 지역에서 같은 자원을 필요로 하는 경쟁 관계의 생물들은 안정되게 공존할 수 없다. 경쟁에서 진 생물은 배제되는데, 그렇지 않으면 다른 생태적 지위를 택하도록 행동이나 진화적인 전환이 일어난다.

공동 어미 allomother　　생모 외에 무리 안의 다른 구성원이 어미 노릇을 같이 하는 것. 젖을 먹이는 어미가 아니더라도 주변의 다른 암컷이 새끼를 돌보며 역할을 할 수 있다. 이들은 새끼를 돌보며 먹이를 주고 포식자로부터 보호하는 일을 함께한다.

몬순　　계절풍 기후. 몬순 기후는 여름에는 습한 바닷바람의 영향을 받고 겨울에는 건조한 대륙바람의 영향을 받는다.

베링육교 Bering land bridge　　빙하기 동안 지구가 냉각되면서 남극과 북극의 빙원에서 바닷물이 얼음으로 응축되면서 해수면은 하강했다. 얕은 해저의 바닥이 노출되면서 베링해협은 아시아 대륙과 아메리카 대륙을 연결하는 육교가 되었다. 그러다가 얼음이 녹아 해수면이 상승하면 해저가 다시 물에 잠기는 현상이 약 1만 4천 년 전까지 반복되었다.

분해생물 decomposer　　죽은 동식물이나 무생물의 유기물에서 에너지를 얻어 살아가는 생물. 곰팡이를 비롯한 균류와 박테리아가 대표적이다.

사망 회피 전략　　출생 뒤 여러 해가 지나야 생식 능력이 생기고 새끼를 적게 낳는 생물이 자손을 보살피기 위해 따르는 생식 전략. 소산소사小産小死 전략을 세우는 생물은 대개 몸집이 크고 안정된 환경에서 오랜 진화를 거친 종이다.

세력권 territoriality　　다른 개체나 다른 집단의 침입으로부터 지키는 영토다. 텃세권. 짝짓기하거나 집을 지키거나 먹이 섭취를 하거나 활동 영역을 확보하기 위한 것이다. 식물도 자신의 영역을 확보하기 위해 특정 화학 물질을 분비, 다른 식물의 생장을 방해한다.

세분화　　생태학 용어로는 '지위의 분화niche differentiation'로 표현된다. 경쟁 관계의 생물이 자원을 분할해 쓰면서 생태적 지위를 달리하면 공존이 가능하다. 특정 영역의 틈새 시장을 파고들어 독보적 존재가 되는, 블루오션 개척으로 해석해도 무방하다.

속 genus　　생물 분류에서 종류를 구별하는 단위. 과family와 종species의 중간. 속은 특징이 비슷한 종들로 이루어진 무리다. 종은 생물 분류의 기본 단위다. 같은 종은 교배가 가능해서 자손을 잇지만, 종이 다르면 생식적으로 격리된다.

온실효과 greenhouse effect　　파장이 짧은 햇빛은 통과되지만 지표면에서 방출된 긴 파장의 열은 온실의 유리 안에 갇힌 것처럼 되어 기온이 높아지는 현상. 대기 중 이산화탄소나 메탄, 프레온, 질소산화물, 오존, 수증기 등이 긴 파장의 열을 온실의 유리처럼 가두어 기온을 높인다.

우산효과 umbrella effect　　대기 중의 먼지나 연기가 햇빛의 유입을 차단해서 지표면에 도달하는 광선이 줄어드는 현상. 먼지 입자는 주변의 수증기를 그러모으는 응집원이 되기 때문에 우산효과로 말미암아 낮은 구름이나 안개가 생기는 일이 잦아진다.

원원류　　원숭이 이전의 원숭이라 부른다. 아시아, 아프리카의 열대 지방에서 산다. 여우원숭이, 로리스원숭이, 안경원숭이 세 종류가 있다. 갈고리 손발톱이 있어 나뭇가지에 꾹 박을 수 있다.

유공충류　　해양에서 사는 단세포 동물로 껍질이 있다. 물 밑바닥 생활을 하는 종류와 물에 떠다니는 종류가 있다. 부유성 유공충류가 떼로 죽으면 엄청난 수의 사체가 해저로 비 오듯 떨어진다. 탄산칼슘 껍질로 이루어져 있어서 해저에 대량으로 쌓이면 지층의 과거를 탐사하는 중요한 화석 자료가 된다.

유제동물 unguligrades　　발끝의 발톱이 발굽으로 변형된 포유동물. 소나 사슴처럼 발가락 수가 짝수인 우제류, 말이나 코뿔소처럼 발가락 수가 홀수인 기제류가 가장 큰 비중을 차지한다. 유제동물은 달리기를 잘하며 많은 초식동물이 여기에 속한다.

종간 경쟁 interspecific competition　　서로 다른 종이 같은 자원을 놓고 벌이는 경쟁. 발달한 생태계에서는 생물종이 많은 만큼 종간 경쟁이 흔하다. 이럴 때 생물은 서로 밀려나지 않고 공존하기 위해 저마다 특수해지는 전략을 취한다.

종내 경쟁 intraspecific competition　　같은 종 안에서 같은 자원을 놓고 일어나는 경쟁. 먹이와 공간, 배우자, 물, 빛 등에 대한 경쟁을 벌인다. 밀집 상태에서는 경쟁이 매우 심하고 자원이 부족해져서 개체군 크기가 더 늘어나기 어렵다.

지행동물 digitigrades　　발가락으로 걷는 동물. 발끝 뼈 두 개를 땅에 대고 걷는다. 달리기에도 도움이 되지만 살금살금 먹이에 다가가기도 좋다. 개과에 속하는 늑대, 여우, 너구리와 고양잇과에 속하는 호랑이, 치타, 표범 등의 육식동물들이 이에 속한다.

지각판　　지각은 여러 개의 거대한 판으로 쪼개져 맨틀 위에 떠 있다. 지각판은 조금씩 움직이고 있다. 지각판이 서로 밀거나 부딪치면 지층에 압력이 생긴다. 압력을 견딜 수 없게 되면 에너지가 한꺼번에 쏟아져 나오는데, 이때 지각이 진동하는 현상이 지진이다.

척행동물 plantigrades　　발바닥을 땅에 붙이고 걷는 동물. 사람과 곰, 다람쥐, 뒤쥐 등이다. 발가락과 뒤꿈치가 바닥에 닿기 때문에 사람이나 곰처럼 걷도록 적응되어 있고 뛰는 일이 그다지 많지 않다.

최소의 법칙 law of minimum　　작물의 생장은 필요한 양분의 총합에 의해 조절되는 것이 아니라 가장 부족한 자원에 의해 제한된다는 개념으로, 의미가 넓혀져 개체군과 생태계 전체의 생장 모델에 적용되고 있다. 아무리 다른 양분이 풍부해도 아주 부족한 양분이 있다면 그로 인해 시들어 버릴 수 있다는 것이다.

폭포 효과 cascade effects　　생태계에서 핵심종의 소멸이 방아쇠가 되어 이 종과 연관된 다른 종들의 이차적인 소멸이 이어지는 현상. 사슴을 보호하기 위한 조치로 포식자인 늑대나 코요테를 모조리 잡았더니, 급격히 증가한 사슴으로 말미암아 카이바브 고원 생태계가 황폐해지고 만 것이 이런 보기다. 핵심 포식자나 중추 생물이 어느 한 생태계에서 어떤 기능을 하는지 연구하는 것은 보전생태학에서 큰 비중을 차지한다.

형태학적 특징　　생물의 형태학적 특징은 그들의 생활 방식을 드러낸다. 곤충을 외모로 따져 보면, 나무의 수액에서 먹이를 얻는 매미는 찌르기 좋은 뾰족한 주둥이를 하고 있고, 풀을 먹는 메뚜기는 입틀이 풀을 씹기 좋게 생겼다. 생물은 자신에게 주어진, 그리고 자신이 택한 생존 방식을 외모로 드러내며 효율을 높인다.

효소 enzyme　　생체 안에서 일어나는 화학 반응을 적은 에너지로 빠르고 효율 높게 하기 위해 쓰는 촉매제다. 주로 단백질로 이루어지므로 온도나 산도가 일정 범위를 벗어나면 변형되어 제 기능을 하기 어렵다.